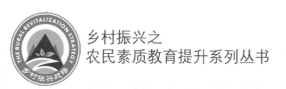

乡村振兴之
农民素质教育提升系列丛书

肉牛集约化健康养殖技术

◎徐 华 车瑞香 主编

中国农业科学技术出版社

图书在版编目（CIP）数据

肉牛集约化健康养殖技术／徐华，车瑞香主编 . —北京：中国农业科学技术出版社，2016.6

（乡村振兴之农民素质教育提升系列丛书）

ISBN 978-7-5116-2620-2

Ⅰ.① 肉… Ⅱ.①徐…②车… Ⅲ.①肉牛-饲养管理 Ⅳ.①S823.9

中国版本图书馆 CIP 数据核字（2016）第 117240 号

责任编辑	张国锋
责任校对	贾海霞

出 版 者	中国农业科学技术出版社
	北京市中关村南大街 12 号　邮编：100081
电　　话	(010)82106636(编辑室)　　(010)82109702(发行部)
	(010)82109709(读者服务部)
传　　真	(010)82106631
网　　址	http://www.CASTP.cn
经 销 者	各地新华书店
印 刷 者	廊坊市国彩印刷有限公司
开　　本	850mm×1168mm　1/32
印　　张	8.75
字　　数	260 千字
版　　次	2016 年 6 月第 1 版　2019 年 7 月第 4 次印刷
定　　价	28.80 元

乡村振兴之农民素质教育提升系列丛书

《肉牛集约化健康养殖技术》
编 委 会

主　编　徐　华　车瑞香

副主编　邢宝奎　王泽奇　孟宪华

参编人员　平　凡　李铠良　周彦伟

　　　　　张光民　侯继华　汪全峰

　　　　　郭军艾　武　盛　温书典

前　言

　　肉牛业是能有效利用大量饲草和农作物秸秆的节粮型黄金产业，是国家产业结构调整的倾斜产业。随着经济的发展，人们的生活水平不断提高，对牛肉及其制品的质量提出了更高的要求。当前制约我国牛肉市场竞争力的主要因素是牛肉质量问题，在扩大肉牛业养殖规模的同时，依靠科技进步高效高质量地产业化生产，是我国养牛业发展的关键。只有充分考虑肉牛的生物学特点，了解影响牛肉生产的因素，掌握科学饲养管理技术，才能有效预防疾病，提高牛肉产量与品质，促进肉牛养殖业健康发展。为提高农区肉牛养殖场（户）生产水平，普及推广实用管理技术，编者根据多年在养殖一线开展技术推广、指导、服务的实践经验，参阅近年来新的科技成果和大量文献，编写了本书。从当前国内肉牛养殖形势、选址建场、繁殖育种、营养调控、饲养技术、环境控制、疾病防控和经营管理等方面进行了系统介绍。编写时立足生产实际，通俗易懂，实用可行并融入了部分新型现代肉牛养殖技术，如初乳灌服、酸化奶饲喂、电子发情监控技术等。适于基层广大肉牛养殖场（户）参考，也可供畜牧兽医专业大中专学生参考。由于编者知识水平有限，编写时间紧迫，所以难免会有纰漏，如有不妥之处，恳请广大读者批评指正。

编　者

目　　录

第一章 我国肉牛业现状 及发展趋势

第一节 我国肉牛业生产现状

一、中国肉牛业发展历程

中国的肉牛养殖业大致经历了 3 个发展阶段，每个阶段的牛存栏总量、出栏数量和牛肉产量都呈现出鲜明的时期特点（表 1-1）。

表 1-1　1980—2014 年中国肉牛存栏量、出栏量和肉产量变化情况

年份	牛存栏（万头）	牛出栏（万头）	牛肉产量（万吨）
1980	7 177	332	26. 9
1985	8 682	457	46. 7
1990	10 288	1 088	125. 6
1995	10 420	2 243	298. 5
2000	12 353	3 807	513. 1
2001	11 809	3 795	508. 6
2002	11 568	3 896	521. 9
2003	11 434	4 000	542. 5
2004	11 235	4 101	560. 4
2005	10 991	4 149	568. 1
2006	10 465	4 222	576. 7
2007	10 595	4 360	613. 4

（续表）

年份	牛存栏（万头）	牛出栏（万头）	牛肉产量（万吨）
2008	10 576	4 446	613.2
2009	10 727	4 602	635.5
2010	10 626	4 717	653.1
2011	10 361	4 671	647.5
2012	10 343	4 761	662.3
2013	10 385	4 828	673.2
2014	10 629	4 941	689

注：该表引自陈来华，中国肉牛生产、贸易和需求现状及预测，中国动物保健，2015（7），6-8.

第一阶段：发展初期（1979—1990年）

中国的牛以役用为主。当时农业机械紧缺，役用牛是主要的耕畜，政府规定严禁屠杀能繁母牛、种牛和青年牛。1979年开始是中国肉牛业的萌芽期，这一年国家开始投资建设肉牛生产基地，农业部在全国建立144个养牛基地县，加速了牛改良工作进展，逐渐形成了以饲养役用牛为主，肉用牛为辅的生产格局。中国现代肉牛业是在此以后逐步兴起的。从东北三省内蒙古自治区到华北北部进行的异地育肥发展很快，如河北省廊坊地区的北三县（大厂、香河、三河）逐渐形成规模化生产。1989年以后肉牛业开始快速增长，出现了千头以上的肉牛育肥场，比较完整的肉牛生产环节渐渐形成，中国有了真正意义上的肉牛业。

第二阶段：快速发展期（1991—2006年）

国家相继出台了对肉牛养殖业扶持的各种政策，"秸秆养畜"项目在农村迅速发展，使得这一阶段肉牛出栏数快速提高。至2006年全国肉牛出栏量达5 602.9万头，是1990年的5倍。这一时期，牛肉产量的增加在品种上主要依靠改良的黄牛，如草原红牛、新疆褐牛、西杂黄牛等的改良，是现代肉牛业的品种基础。

第三阶段：调整发展期（2007年至今）

近年来，随着中央财政对牛羊产业规模化养殖的资金倾斜，以及牛肉供给量下降、眼前利益驱动和养殖成本上升的影响，很多地区养殖户开始大量出售母牛，散户退出加速，规模养殖企业不断涌现，规模化生产比重快速提升。同时肉牛养殖业也开始了产业结构优化的调整，使得后期国内肉牛养殖量呈现恢复性增长。据不完全统计，2013年全国散养户比重持续下降，年末相比年初约减少1.5个百分点。2004—2013年，肉牛年出栏50头以上规模比重由13.2%增加到27.3%，提高了14个百分点，增长了1.1倍。

二、肉牛业优势区域分布

中国各地自然条件和农村经济发展有很大的不同，饲料资源各异，牛的品种繁多，不同区域肉牛业在农业生产中所占比重不尽相同，最早用六大产区来进行划分。随着肉牛业的不断发展，国家重新根据各地肉牛业发展变化情况进行了相应调整，按照《全国肉牛优势区域布局规划（2008—2015年）》，划分了中原肉牛区、东北肉牛区、西北肉牛区和西南肉牛区共四个优势区域，优势区域涉及17个省（自治区、直辖市）的207个县市。具体分布情况见图1-1。

图1-1　全国肉牛业优势区域分布示意

这四个肉牛优势区域的牛肉产量约占全国总产量的85%。各个地区肉牛产业都在充分利用区域优势走特色发展道路：中原地区大力发展标准化规模养殖，着重品种改良，提高了农作物秸秆利用率；东北产区着力发挥饲料资源丰富的优势，发展集约化养殖，做大龙头企业；西部8省区，牧区以饲养能繁母牛为主，半农半牧区则以推广专业化育肥为主，而农区主要以培育发展标准化规模养殖与屠宰加工于一体的大型龙头企业为主。

（一）中原肉牛区

中原肉牛区是我国肉牛业发展起步较早的一个区域。该区域包括4个省的51个县，其中山东14个县、河南27个县、河北6个县和安徽4个县。该区域有天然草场面积1 320万亩，其中可利用草场面积1 240万亩（15亩＝1公顷）左右。该区域是我国最大的粮食主产区，每年可产3 860多万吨各种农作物秸秆，目前秸秆加工后饲喂量1 360万吨左右，仍然有约50%的秸秆没有得到合理利用。

区域特点：该区域具有丰富的地方良种资源，也是最早进行肉牛品种改良并取得显著成效的地区。我国五大肉牛地方良种中，南阳牛、鲁西牛等2个良种均起源于这一地区。该区域农副产品资源丰富，为肉牛业的发展奠定了良好的饲料资源基础。中原肉牛区具有很好的区位优势，交通方便，紧靠"京津冀"都市圈、"长三角"和"环渤海"经济圈，产销衔接紧密，具有很好的市场基础。

（二）东北肉牛区

东北肉牛区是我国肉牛业发展较早、近年来成长较快的一个优势区域。该区域包括5个省（区）的60个县，其中，吉林16个县、黑龙江17个县、辽宁15个县、内蒙古自治区（以下简称内蒙古）7个县（旗）和河北北部5个县。该区域有天然草场面积约11.8亿亩，其中可利用草场面积8.85亿亩；同时也是我国的粮食主产区之一，每年可产约5 900万吨各种农作物秸秆，目前秸秆加工后饲喂量达1 600万吨，但仍有50%以上的秸秆没有得到充分利用。

区域特点：该区域具有丰富的饲料资源，饲料原料价格低于全国平均水平；肉牛生产效率较高，平均胴体重高于其他地区。区域内肉牛良种资源较多，拥有五大黄牛品种之一的延边牛，以及蒙古牛、三河牛和草原红牛等地方良种。近年来，品种的选育和改良步伐进一步加快，育成了著名的"中国西门塔尔牛"，成为区域内的主导品种。同时，该区域紧邻俄罗斯、韩国和日本等世界主要牛肉进口国，发展优质牛肉生产具有明显的区位优势。

（三）西北肉牛区

该区域是我国最近几年逐步成长起来的一个新型区域，包括4个省区的29个县市，其中新疆维吾尔自治区（以下简称新疆）16个县（师）、甘肃省9个县市、陕西省2个县和宁夏回族自治区（以下简称宁夏）2个县。该区域有可利用草场面积约1.2亿亩；各种农作物秸秆1 000余万吨，约40%的秸秆没有得到合理利用。

区域特点：本区域天然草原和草山草坡面积较大，其中新疆被定为我国粮食后备产区，饲料和农作物秸秆资源比较丰富；拥有新疆褐牛、陕西秦川牛等地方良种，近年来引进了美国褐牛、瑞士褐牛等国外优良肉牛品种，对地方品种进行改良，取得了较好的效果。新疆牛肉对中亚和中东地区具有出口优势，现已开通14个口岸，为发展外向型肉牛业创造了条件。本区域发展肉牛产业的主要制约因素是开展肉牛育肥时间较短，饲养技术以及肉牛屠宰加工等方面的基础相对薄弱。

（四）西南肉牛区

该区域是我国近年来正在成长的一个新型肉牛产区，包括5个省市的67个县市，其中四川省5个县、重庆市3个县、云南省的35个县市、贵州省的9个县市和广西壮族自治区（以下简称广西）的15个县市。该区域拥有天然草场面积1.4多亿亩，每年可产3 000余万吨各种农作物秸秆，其中超过65%的秸秆有待开发利用。

区域特点：该区域农作物副产品资源丰富，草山草坡较多，青绿饲草资源也较丰富；同时，三元种植结构的有效实施，饲草饲料产量将会进一步提高，为发展肉牛产业奠定了基础。主要限制因素是肉牛业基础薄弱，地方品种个体小，生产能力相对较低。

三、牛肉消费与贸易情况

随着我国人口增长、居民收入增加以及城镇化步伐加快，我国牛肉消费由原来的少数民族性、区域性、季节性消费逐渐转型为全民性、全国性和全年性消费。

（一）牛肉产量与消费量

据第十届中国牛业发展大会（2015 年）数据报告，2014 年我国牛肉产量 689 万吨，比上年增长 2.4%，牛肉产量增速高于肉类总体增速（2.0%）。2014 年我国牛肉消费量 729.7 万吨，仅次于美国、巴西和欧盟，全国人均牛肉消费量达到 4.8 千克，比 2012 年增长 6%，年均增长约 2%。

（二）牛肉与活牛价格

牛肉价格经过 2013 年的持续上涨后，2014 年趋于平稳，维持在每千克 63 元左右。国内牛肉消费量持续上升，需求旺盛。牛肉供不应求，价格高位运行。全国活牛平均价格 2014 年 10 月出现下降，由年初的 26 元/千克降至于 20 元/千克左右并保持到年终，降幅达 23%（数据来源：中国农业信息网）。进入 2015 年后，全国活牛平均价格呈现缓慢上升态势，许多地方已升至 2014 年年初的水平，但牛肉平均价格已降至 60 元/千克左右，较 2014 年下降了 5.2%。市场价格的走低主要是受到进口贸易和走私活动严重冲击所致。由此看来，随着国内市场的开放，牛肉长期维持高价位运行的局面将被打破。

（三）进出口贸易情况

近年来，在经济全球化的形势下，我国与越来越多的国家签订双边的自由贸易协定或建立自由贸易区。2014 年我国进口牛肉量达 41.7 万吨（数据来源：美国农业部），比 2012 年增长 44%，进口量较多的主要是天津、辽宁、上海和北京等发达省市。我国农业部最新数据显示，2015 年 1—7 月我国牛肉进口量已达 23 万吨，同比增加 26%。而去年全年我国牛肉出口量仅 2 000 吨左右，较 2013 年减少幅度高达 66.7%，我国牛肉总产量与进口量逐年增加，而出口量逐年减少，客观反映了国内牛肉的强劲需求，同时我国也由原来的净出口国逐渐变成净进口国。

目前，我国牛肉人均年消费量不足世界平均水平 10 千克的一半，未来供需缺口还将进一步拉大。根据我国人口及经济发展趋势推测，未来 5 年内我国牛肉年消费量将突破 1 000 万吨，如果按照目前的生产水平，至少还有 300 万吨的缺口。因此，我国肉牛经济还有很大的发展空间，市场拉动已逐渐上升为产业发展的主导力量。

第二节 肉牛业发展中存在的问题及应对措施

一、存在的问题

(一) 养殖生产方式落后

1. 规模养殖比例较低

我国肉牛业起步较晚，尚未形成专业化、产业化生产模式，总体上仍以农户为单位的小规模饲养为主，散养模式生产占出栏总数的 60%左右。肉牛业虽然经过多年的发展，"小、散、低" 的不利局面仍未得到根本转变。

2. 肉牛良种化比例不高

我国良种化程度低，改良肉牛比例仅为 30%~40%，与发达国家高达 90%以上的比例差距甚远，牛群品质差，部分地区品种盲目改良，导致一些优良地方品种资源退化甚至流失。因此，牛的生长速度慢，产肉率低，生产水平落后于世界养牛业发达国家。据统计，美国每头牛平均胴体重为 329 千克，而我国只有 143 千克，产肉率只有美国和澳大利亚等发达国家的 57%。

3. 饲养管理粗放

在实际生产中，农户饲养方式单一，以传统养殖耕牛的方法为主，管理粗放，有什么喂什么，不补饲精料，粗料秉承 "青草季节割草饲喂、枯草季节秸秆饲喂" 的原则，无法保证牛只均衡营养的摄入。规模养殖场虽然在草料供应上相对于农户稳定，但往往由于牛场条件艰苦，不易招聘到合适的专业技术人员或人员流动频繁，缺少必要的技术操作管理流程，管理不稳定、变化较多，导致肉牛饲养周期普遍较长。另外，不按照牛的生理状态进行分群管理，育成牛、妊娠牛、空怀牛与种牛不加区别，采用相同的饲养管理方式，直接影响到经济效益的提升。

4. 技术支撑体系不健全

在肉牛生产管理过程中，关键技术无法有效落地执行，养殖规范化、标准化、产业化程度低，一些关键技术在生产中未被采用，科技成果转化率低，无法有效支撑快速发展的肉牛业生产，导致总体水平仍然比较落后。比如，养殖户（场）科技意识淡薄，对草料加工、犊牛培育、育肥补饲、防疫接种等生产配套技术的认识重视程度低，良种不用良法，杂交繁育体系不健全，程序化、标准化管理措施缺失、不到位，导致养牛科技含量低，饲养周期长，出栏率低、产肉率差，养殖效益不高。

5. 疫病防控体系不健全

随着肉牛规模化的不断推进，肉牛集约化生产多以舍饲半舍饲为主，饲养密度高，肉牛极易受到疫病的侵袭。同时，我国散养户占多数，疫病防控体系难以有效落实到位，动物用药难以控制，导致近年来口蹄疫、布病、结核等传染性疫病影响较为突出。还有，一些养殖户常年不给牛驱虫，致使牛感染各种线虫、疥螨、牛皮蝇等寄生虫；栏舍卫生差，随意堆放粪便，蚊蝇乱飞；进出生产区消毒不到位，大大提高了牛只疫病传播机率，一旦出现疫情，将会严重挫伤养殖户（场）生产积极性，造成重大损失。

（二）基础母牛存栏量大幅下滑，牛源紧张问题日趋严峻

近年来由于对基础母牛群的保护不够，我国基础母牛群每年的下滑幅度在15%左右，有些地方甚至高达30%。2014年，我国肉牛能繁母牛存栏量已不足2 000万头。原因主要是：一是由于养牛投入高、风险大，生产周期长，科技含量需求日益提升，加上养牛收益比不上进城务工挣钱多，散户退出较多。二是牛肉价格不断攀

升，诱使养殖户屠宰母牛以满足牛肉市场需求，以致很多地区"杀青弑母"现象日益严重。基础母牛是肉牛产业链的基石，是肉牛产业经济不断发展壮大的源动力。随着母牛存栏的减少，架子牛的数量也会随之减少，整个肉牛产业发展后劲不足。三是高档牛肉比较效益虽高于普通品种，但是高端消费市场空间有限，收益极不稳定，同时牛只副产物开发少、利用差，牛皮和内脏等副产物均廉价处理，深加工技术落后，科技含量低，导致附加收益较为单一、低下，也导致养殖数量下降。自 2006 年以来，很多地区相继出现能繁母牛和肉牛存栏严重下滑现象，引发牛源紧张，快速发展的肉牛产业遇到了严峻的挑战。

（三）进口或走私牛肉严重冲击国内市场

我国牛肉进口关税税率一般为 12%～25%，由于对澳大利亚、新西兰牛肉进口开始实行自贸区协定税率，进口税率会逐步削减，2016 年将免除全部关税。关税降低或取消，进一步降低了进口牛肉的价格，进口量将会大大增加。质优价廉的进口牛肉将对国内肉牛养殖和牛肉市场供应产生深刻影响，严重挤压国产牛肉生产加工的利润空间。另外，在国内牛肉价格持续走高的压力下，不法商贩利用国内外价格差谋取暴利的走私现象愈演愈烈。走私牛肉售价在每千克 25 元左右，而国内牛肉每千克售价达 60 元以上，走私利润相当丰厚。据测算，我国消费的牛肉超过 1/4 是来自非法途径，数量之大触目惊心！需要注意的是，走私牛肉特别是疫区国家牛肉，规避了入境所必需的检疫检验程序，这些"问题牛肉"一旦进入国内消费市场，不仅会严重扰乱市场供需，更将给国内牛肉养殖者与消费者带来难以预料的安全隐患。

（四）规模养殖面临用地难、融资难

随着畜牧业规模化标准化发展进程的加快，养殖用地需求与日俱增，虽然国家在养殖用地方面给予了一定支持，但由于目前土地供应及管理严格，养殖用地仍然存在较大缺口，据调研，大量具有经济实力的农户和企业虽有养殖热情，却只能望地兴叹。同时，一些中小型规模的养殖户遭遇融资困境。由于无力抵押，养殖企业想扩大养殖规模，却难以得到银行支持，制约了扩大再生产能力。资金和土地问题成为肉牛产业扩大再生产的关键性因素。

二、应对措施

（一）保护好基础母牛群

2014 年，中央财政安排畜牧发展扶持资金约 9.4 亿元，支持肉牛基础母牛扩群增量工作。由农业部、财政部联合启动该项目，在全国 15 个省份中肉牛基础母牛存栏 3 万头以上的母牛养殖大县实施，补贴对象为项目县内基础母牛存栏 10 头及其以上的养殖场（含种牛场）、养殖户、基础母牛集中饲养的专业合作社以及肉牛基础母牛存栏量 500 头以上的大型肉牛养殖企业。但是这一政策仅把选定地区存栏量作为决定性指标，未能充分考虑区域农牧面积、人口数量等因素，因此，为避免政策性导致区域发展不平衡，建议将区域人均饲养量等纳入选择指标之一。另外，在不同地区补贴标准不同，有些地区养殖户在基础母牛生产牛犊后仅获得 300 元补贴甚至更低，并不能有效缓解饲养母牛带来的成本压力。因此，建议地方相关行业管理部门每年将基础母牛根据其繁殖性能等情况划分为特级、一级和二级良种母牛并登记造册，根据等级分别每年每头按 2 000 元、1 500 元和 1 000 元的标准给养殖户或养殖企业予以补贴。通过完善、落实补助方案和提高补贴标准，刺激和鼓励广大农民和龙头企业饲养良种基础母牛，稳固我国肉牛产业发展之根基。

（二）完善产业链利益分配体制，保障养殖场（户）的利益

从肉牛养殖、屠宰、加工到终端销售，产业链各个环节利益分配严重不均。养殖场（户）处于产业链的上游，成本高，收益低；屠宰加工和终端销售分别处于中游和下游，面对强劲的需求消费，趁机抬高价格，并占据卖方垄断的地位，成本低，利润高，整个产业链利益分配呈"倒金字塔形"。为促进我国肉牛产业健康可持续发展，必须积极探索、尽快建立健全合理的产业链利益分配机制，促进肉牛产业链中生产、屠宰加工、销售等各环节的利益合理分配。各个环节的主体都要坚持平等、自愿和互利的原则，协调好各

方的利益。行业协会要充分发挥政府、企业和养殖户之间的桥梁和纽带作用，切实做好沟通、监督、公正、自律、协调等服务。技术推广部门应大力推广先进科学的养殖管理技术，降低生产成本，提高经济效益。另外，建议国家和地方政府除了对产业链进行宏观调控和监管，支持龙头企业实施肉牛基地建设，鼓励与基地农户形成"利益均沾、风险共担"的"命运共同体模式"，实现产、加、销一体化经营，保障一线养殖户利益。

（三）重点做好奶公犊资源的开发利用

截至 2014 年年底，全国奶牛存栏 1 460 万头，同比增长 1.3%，达到历史最高水平，每年大约有 400 万头的奶牛公犊出生，是一项宝贵的牛肉资源。但是由于管理水平和认识不足，许多地方没有重视奶牛公犊的利用问题，多数奶牛公犊出生后即被屠宰，造成严重的资源浪费。在国外养牛业发达国家，奶公牛、淘汰的奶母犊以及淘汰成年奶牛作为奶牛业的副产品不仅被合理利用于生产牛肉，而且已成为当地牛肉生产的主要来源。以色列的牛肉 1/3 来源于小公牛，荷兰乳用品种牛肉占牛肉总产量的 90%，英国奶牛业每年提供的商品牛肉约占英国牛肉总产量的 60%，美国每年约有 75 万头奶犊牛用于小牛肉生产，产量在 1.36 亿~1.81 亿千克，总产值达 6.4 亿~7 亿美元。与专门化肉牛品种相比，奶公牛的饲料转化率略低，且饲养成本较高，但它们在体重超过 175 千克后的生产管理过程与肉牛品种完全一致。如果我国部分企业借鉴国外经验，研发新技术和提高管理水平，降低养殖成本、提高养殖效益，奶牛公犊利用逐渐成规模，不仅能够提高奶牛养殖效益，还能够缓解国内市场牛肉短缺的问题，促进资源节约型和谐牛业发展。

（四）严厉打击假冒伪劣和走私牛肉产品

首先，政府相关部门应充分结合我国肉牛进出口贸易发展现状，科学调整贸易关税和国内支持政策的空间。鉴于走私牛肉制品屡禁不止的现象，我国应采取强有力的措施，严厉打击牛肉走私和假冒产品等不法行为，切实维护好市场秩序，减小对国内市场的冲击和降低食品安全风险。第二，构建和完善信息发布平台，要加强牛肉供求、价格、销售量等市场信息监测，及时预测未来牛肉市场走势，给养殖场（户）、合作社乃至企业提供重要参考，以便根据市场变化及时调整生产，降低养殖风险，保障一线养殖企业利益。第三，管理部门应切实做好流通市场监管，加强对投机倒把、私屠乱宰、串谋欺诈等不法行为的整治力度，维护养殖户和消费者的切身利益。另外，建议政府根据实际情况给部分基层群众发放消费补贴，缓解价格上涨过快对人们生活消费造成的压力，稳定消费市场。

（五）推广应用"互联网+"技术体系，加大产业科技支撑力度

21世纪是互联网的时代，随着科技的快速发展，"互联网+"应运而生。2015年年初总理政府报告中也提出了"互联网+"这一新的战略，推动通过信息通信技术将互联网与各行各业包括传统行业有机结合，以互联网的力量带动行业品质、效益、创新能力等快速提升。然而目前，"互联网+"在肉牛产业上的应用还是少之又少。一旦将互联网技术融入肉牛产业的养殖、育种和生产加工等环节，可实现产业的系统化和信息化，可以有效降低企业的管理成本，提高肉牛养殖效率，增加产业效益，推动肉牛增产、农民增收和产业发展。因此，我们应充分利用现代科技，进一步将物联网技术推广应用到肉牛育种、养殖、屠宰加工、物流、销售等全产业链的所有环节，借助物联网感知结点采集整个产业链的数据，实现全产业链信息跟踪追溯和"一站式"供销服务。这样不仅可以帮助养殖企业节省人力、物力、提质增效，而且能从技术上为政府职能部门提供快捷、现代化的监管手段，实时查询各类牛肉产品的"身份证"，保证食品安全。同时，可建立信息多重反馈机制，利用养殖、屠宰加工环节的数据监测信息为肉牛育种提供有力支撑。

（六）积极推行"牧繁农育"战略

自2003年我国实行了以禁牧为主的草原保护政策后，我国草原牧区和半牧区的牛羊存栏量逐步下降。今后牛业发展要在稳定牧区生产能力的基础上，结合农区的优势，实行"牧繁农育"，提高产量。牧区充分利用季节饲草优势，调整畜群结构，加快肉牛品种改良和推广，进行繁育，重点为农区提供犊牛和架子牛，解决牛源不足的问题；农区要充分利用当地饲料资源丰富，推广秸秆青贮技术，从牧区购买架子牛，重点进行育肥，发展规模化标准化养殖。

第三节　肉牛业发展趋势

一、适度规模养殖场户将成肉牛业发展主体

肉牛产业的"适度规模"是动态概念，不论存栏还是屠宰加工能力，在我国不存在具体的头数标准和指标，是指在经济纯收益能支撑企业（场户）可持续经营的条件下，生产（产量）与市场、资源的可持续利用与保护、土地的承载与消纳能力之间基本达到平衡状态时的最低规模。随着产业的不断发展，小规模散户将加速退出，规模场户和专业家庭牧场缓慢增加，存出栏量继续下降，牛肉小幅减产。

二、产业转型势在必行

在市场现状的倒逼下，肉牛产业转型势在必行。农区肉牛产业长距离异地育肥模式基本退出，养殖场（户）组成合作组织开展自繁自育和屠宰加工，并与大型超市、酒店饭馆直接对接的新模式将会在农区逐渐兴起。因此，"小资型"产业模式应运而生，将逐步成为支撑产业稳步发展的主体模式。不盲目追求存栏规模效应，坚持基本固定的能繁母牛存栏头数，完全自繁自育的"小资型"全产业链模式，符合我国资源禀赋特性、消费特点及生态环境与农牧结合平衡的需要，经消费市场的进一步细化和调控，将成为稳定我国肉牛产业发展和牛肉供给的主体产业模式。今后相当长的时期内，在母牛仍将继续紧缺、牛肉需求多样化的产业环境下，专业家庭牧场、专业合作组织及专业中小企业，将成为支撑产业的主体。只要坚决控制养殖规模，着力延伸产业链，用自产牛肉直接对接餐

桌和市场，容易转型为完全掌控产业链风险点和利润点的"小资型"、质量效益型精细化、差异化产业模式，这将成为未来肉牛产业发展的一个重要方向。

三、牛肉供需矛盾依然突出

由于牛源短缺问题的存在，决定了国产牛肉价格仍会保持上涨态势，但随生活水平的提高，食品可选择的品种的多样化，肉类消费选择也将更加理性，同时，在进口量不断增加的情况下，国内牛肉的价格或逐渐趋向理性回归。当前，国内人均牛肉消费量为世界平均水平的51%，人均消费量基本在4~5千克，与欧美发达国家的消费水平差距较大。不过受我国居民膳食结构、肉类消费变化、牛肉价格等因素，肉类总需求仍会呈现上涨趋势，预计2020年全国牛肉消费需求总量将达到729万吨，人均牛肉消费量为5.49千克，牛肉供应和消费之间的缺口会进一步扩大，供需矛盾依然会非常突出。

四、高档牛肉是产业发展的新增长点

高档牛肉，主要是指通过选育优良肉牛品种，同时辅以绿色无污染的饲养手段和标准化屠宰程序，所获取的高品质绿色牛肉，具有品质突出、营养丰富、质量全程可控等优点，价格在180~220元/千克，部分顶级肉品甚至可达3 000元/千克。由于我国肉牛养殖依然以粗放型养殖为主，牛肉品质还未达到高档级别，国内高档肉牛养殖加工企业只有大连雪龙、内蒙古科尔沁等少数几家，其产能约占全国牛肉产量的0.2%左右，远未达到国内消费的需求，大部分高档牛肉需要进口。随着居民收入水平和对食品安全关注度的提高，我国的高档牛肉市场需求逐年加大。高档牛肉价格高、利润丰厚，需求量逐年增加，国内产能不足的现状决定了今后我国肉牛产业发展的一个重点是依托现有资源，培育高档肉牛品种，缩短育肥周期，提高牛肉品质和加工工艺，并实现质量全程可控可追溯。

第二章 肉牛常见优良品种

第一节 国外优良品种

一、西门塔尔牛

西门塔尔牛原产于瑞士阿尔卑斯山区，主要产地为西门塔尔平原和萨能平原，因"西门"山谷而得名，是乳、肉、役兼用的大型品种（图2-1）。它在欧洲各国衍生出几个不同名称的同源牛种，总头数达4千多万头，仅次于荷斯坦奶牛，是肉用牛中最大的品种。

图2-1 西门塔尔牛

（一）外貌体格

该牛毛色为黄白花或淡红白花，头、胸、腹下、四肢及尾帚多为白色，皮肤为粉红色，头较长，面宽；角较细而向外上方弯曲，尖端稍向上。颈长中等；体躯长，肋骨开张，呈圆筒状，肌肉丰满；前躯较后躯发育好，胸深，尻宽平，四肢结实，大腿肌肉发达；乳房发育好，成年公牛体高可达 150~160 厘米，体重 1 000~1 300千克，母牛可达 135~142 厘米，体重 600~800 千克。早期生长速度快，并以产肉性能高，胴体瘦肉多而出名。是杂交利用或改良地方品时的优秀父本。

（二）生产性能

西门塔尔牛乳、肉用性能均较好，平均单产为 7 024千克，平均乳脂率 4.13%，平均乳蛋白率为 3.49%。该牛生长速度较快，16~18 月龄屠宰的青年育肥公牛平均体重 700~800 千克，平均日增重超过 1.35 千克，生长速度与其他大型肉用品种相近。胴体肉多，脂肪少而分布均匀，85%~90%的胴体在市场上的等级为 E 和 U，公牛育肥后屠宰率可达 65%左右。

二、夏洛莱牛

夏洛莱牛原产于法国中西部到东南部的夏洛莱省和涅夫勒地区，是现代大型肉用品种之一（图 2-2）。自育成以来就以其生长快、肉量多、体型大、耐粗放而受到国际市场的广泛欢迎，早已输往世界许多国家。

图 2-2　夏洛莱牛

（一）外貌体格

夏洛莱牛体躯高大强壮，属于大型肉用品种。全身肌肉特别发达；骨骼结实，四肢粗壮结实。额宽脸短，角圆而较长，并向两侧或前方伸展，角质蜡黄、颈粗短，胸宽深，肋骨方圆，背宽肉厚，体躯呈圆筒状，肌肉丰满，后臀肌肉很发达，并向后和侧面突出，形成"双肌"特征。公牛常有双鬐甲或凹背的弱点。成年活重，公牛平均为 1 100~1 200千克，母牛 700~800 千克。

（二）生产性能

夏洛莱牛在生产性能方面表现出的最显著特点是：生长速度快，瘦肉产量高。在良好的饲养条件下，6 月龄公犊可达 250 千克，母犊 210 千克。日增重可达 1 400 克。在加拿大，良好饲养条件下公牛周岁可达 511 千克。该牛作为专门化大型肉用牛，产肉性能好，屠宰率一般为 60%~70%，胴体瘦肉率为 80%~85%。16 月龄的育肥母牛胴体重达 418 千克，屠宰率 66.3%。夏洛莱牛 15 月龄以前的日增重超过其他品种，故常用来作为经济杂交的父本。夏洛莱母牛泌乳量较高，一个泌乳期可产奶 2 000 千克，乳脂率为 4.0%~4.7%，但该牛纯种繁殖时难产率较高（13.7%）。

三、利木赞牛

利木赞牛原产于法国中部的利木赞高原，并因此得名（图 2-3）。在法国，其主要分布在中部和南部的广大地区，数量仅次于

图 2-3　利木赞牛

夏洛莱牛，育成后于 20 世纪 70 年代初，输入欧美各国，现在世界

上许多国家都有该牛分布，属于专门化的大型肉牛品种。

（一）外貌体格

利木赞牛毛色为红色或黄色，口、鼻、眼田周围、四肢内侧及尾帚毛色较浅，角为白色，蹄为红褐色。头较短小，额宽，胸部宽深，体躯较长，后躯肌肉丰满，四肢粗短。平均成年体重：公牛1 200千克、母牛 600 千克；在法国较好饲养条件下，公牛活重可达 1 200~1 500千克，母牛达 600~800 千克。

（二）生产性能

利木赞牛产肉性能高，胴体质量好，眼肌面积大，前后肢肌肉丰满，出肉率高，在肉牛市场上很有竞争力。体早熟是利木赞牛优点之一，在良好的饲养条件下，犊牛断奶后生长很快，10 月龄体重即达 408 千克，12 月龄达 480 千克。哺乳期平均日增重为0.86~1.3 千克；因该牛在幼龄期，8 月龄小牛就可生产出具有大理石纹的牛肉。因此，是法国等一些欧洲国家生产牛肉的主要品种。据法国农业科学院的系列屠宰试验，利木赞公牛从 9~19 月龄，分四次屠宰，得出其胴体性状，表现出高生产效率。根据与更大体型的牛种和略小一些的海福特牛的对比，利木赞牛在牛胴体特性上具有很大的优势。

四、皮埃蒙特牛

皮埃蒙特牛原产于意大利北部皮埃蒙特地区而得名（图2-4）。原为役用牛，经长期选育，现已成为生产性能优良的专门化品种。皮埃蒙特牛因其具有双肌肉基因，是目前国际公认的终端父本，已被世界 20 多个国家引进，用于杂交改良。

（一）外貌体格

皮埃蒙特牛被毛白晕色，公牛在性成熟时颈部、眼圈和四肢下部为黑色，与中国南方牛的晕色毛被（亦称焦毛）相似。母牛为全白，有的个体眼圈为浅灰色，眼睑毛、耳郭四周为黑色，犊牛出生到断奶月龄为乳黄色，4~6 月龄时胎毛褪去后，呈成年牛毛色。各年龄和性别的牛在鼻镜部、蹄和尾帚均为黑色。角型为平出微前

图2-4 皮埃蒙特牛

弯，角尖黑色。体型大，肌肉发育良好，体躯呈圆筒状。

（二）生产性能

该品种牛肉用性能好，早期增重快，0~4月龄日增重为1.3~1.5千克，饲料利用率高，成本低，肉质好。周岁公牛体重400~430千克，12~15月龄体重达400~500千克，每增重1千克体重消耗精料3.1~3.5千克。经测定，该品种牛屠宰率达72.8%，净肉率66.2%，瘦肉率84.1%，骨肉比1∶7.35。成年公牛体高140厘米，体重800千克；成年母牛体高130厘米，体重500千克。平均泌乳量为3 500千克，乳脂率4.17%。其产奶量虽然比乳肉兼用的西门塔尔牛低1 268千克，但比利木赞牛高1 900千克，比夏洛莱牛高1 500千克。

五、安格斯牛

安格斯牛原产于苏格兰北部的阿佰丁、金卡和安格斯郡，是英国古老的肉用品种之一，1892年良种登记，宣布为良种肉用品种（图2-5）。

（一）外貌体格

安格斯牛以被毛黑色和无角为其重要特征，故也称其为无角黑牛，但该品种也有红色个体，少数牛的腹下、脐部和乳房有白斑。该牛皮肤松软，富弹性，被毛光泽而均匀。体格低矮，体躯平滑丰润、结实，头小而方，额宽，体躯宽深，呈圆筒形，四肢短而直，

图 2-5　安格斯牛

前后裆较宽，全身肌肉丰满，具有现代肉牛的典型体型。安格斯牛成年公牛平均体高 130 厘米，平均活重 700~900 千克；母牛体高 122 厘米，体重 500~600 千克，犊牛平均初生重 25~32 千克。

（二）生产性能

安格斯牛具有良好的肉用性能，被认为是世界上专门化肉牛品种中的典型品种之一。表现早熟，12 月龄性成熟，但常在 18~20 月龄初配。美国培育的安格斯牛 13~14 月龄初配，产犊间隔短，一般在 12 个月左右，连产性好，极少出现难产，且性情温和，易于管理。屠宰率 60%~65%，胴体品质高，出肉多，12 月龄屠宰牛的眼肌面积达 32.5 平方厘米；肉质呈大理石状。哺乳期日增重 900~1 000 克，公犊 6 月龄断奶体重为 198 千克，母犊 174 千克。育肥期日增重（1.5 岁以内）平均 700~900 克。另外，该牛具有适应性强、耐寒抗病的优点，但是母牛稍具神经质。

六、海福特牛

海福特牛产于英国威尔士地区的海福特县及邻近诸县，是世界上最古老的早熟中小型肉牛品种（图 2-6）。它由当地土种牛经长期向肉用方向选育而成的品种。

（一）外貌体格

海福特牛分为有角和无角两种，角呈蜡黄色或白色，公牛角向下方弯，母牛角尖向上挑起。体躯宽大，前胸发达，全身肌肉丰

图2-6 海福特牛

满，头短，额宽，颈短粗，颈垂及前后躯发达，背腰平直而宽，肋骨张开，四肢端正而短，躯干呈圆筒形，具有典型的肉用牛的长方体型。具有"六白"特征，即头、颈垂、腹下、四肢下部和尾端六个部位为白色，其他部分被毛均为红棕色。皮肤为橙红色。

（二）生产性能

犊牛初生重，公为34千克，母为32千克。哺乳期日增重，公为1.14千克，母为0.89千克；7~12月龄日增重，公牛为0.98千克，母牛为0.85千克。12个月龄体重达400千克，平均日增重1千克以上。成年体重，公牛为1 000~1 100千克，母牛为600~750千克。出生后400天屠宰时，屠宰率为60%~65%，净肉率达57%。肉质细嫩，味道鲜美，肌纤维间沉积脂肪丰富，肉呈大理石状。海福特牛具有体质强壮、较耐粗饲、适于放牧饲养、产肉率高等特点，在我国饲养的效果也很好。

七、比利时蓝牛

比利时蓝牛原产于比利时，是短角型蓝花牛与弗里生牛混血的后裔，属于欧洲黑白花牛血缘的一个分支，是这个血统中唯一被育成纯肉用的专门品种，现在成为比利时当家的肉牛品种，已分布到美国、加拿大等20多个国家（图2-7）。

图 2-7　比利时蓝牛

（一）外貌体格

比利时蓝牛毛色为白身躯中有蓝色或黑色斑点，色斑大小变化较大。鼻镜、耳缘、尾巴多为黑色。个体高大，体躯呈长筒状，全身肌肉丰满突出，肌束发达，后臀部尤其明显。头部轻，尻微斜。种公牛体高148厘米，体重1 200千克，母牛体高134厘米，体重700千克。公犊牛初生重46千克，母犊牛初生重42千克。

（二）生产性能

比利时蓝牛生长速度快，体型大，早熟，适应性广，瘦肉率高，肉质细嫩，肌纤维细，蛋白质含量高，胆固醇少，热能低，产肉性能高、胴体瘦肉率高，饲料转化率高，并且性情温顺，被许多国家引入，常被用作肉牛杂交的终端父本。与大型牛的改良后代杂交效果好，产肉性能优势明显。后代公牛周岁体重530千克，屠宰率可达68%~70%。

八、其他

除去前面已简单述及的肉牛品种外，还有短角牛、林肯红牛、丹麦红牛、德温红牛、契安妮娜牛、婆罗门牛、瑞士褐牛等著名品种，在此不再赘述。

第二节 国内优良品种

一、秦川牛

秦川牛是中国优良的黄牛地方品种，中国五大黄牛品种之一（图2-8）。体格大，役力强，产肉性能良好，因产于八百里秦川的陕西省关中地区而得名。

图2-8 秦川牛

（一）外貌体格

秦川牛毛色以紫红色和红色居多，约占总数的80%左右，黄色较少。头部方正，鼻镜呈肉红色，角短，呈肉色，多为向外或向后稍弯曲；体格高大，各部位发育均衡，骨骼粗壮，肌肉丰满，体质强健；肩长而斜，前躯发育良好，胸部深宽，肋长而开张，背腰平直宽广，长短适中，荐骨部稍隆起，一般多是斜尻；四肢粗壮结实，前肢间距较宽，后肢飞节靠近，蹄呈圆形，蹄叉紧、蹄质硬，绝大部分为红色。成年公牛体重600~800千克。

（二）生产性能

该牛适于育肥，18月龄育肥牛宰前体重达375.7千克，平均日增重为550克（母）或700克（公），胴体重218.4千克，平均屠宰率达58.3%，净肉率50.5%。肉质细致，瘦肉率高，大理石花纹明显。其臀肌的氨基酸含量为 92.3%，比牦牛、日本和牛的含量都要高。

二、南阳牛

南阳黄牛是我国著名的优良地方黄牛品种，是全国五大良种黄牛之一（图 2-9、图 2-10）。1998 年南阳黄牛被农业部首批列入"国家畜禽品种保护名录"，2002 年又通过国家质量技术监督总局原产地标记域名注册。南阳黄牛主要分布于河南省南阳市唐河、白河流域的广大平原地区，以南阳市郊区、唐河、邓州、新野、镇平、社旗、方城等 8 个县市为主要产区。除南阳盆地几个平原县、市外，周口、许昌、驻马店、漯河等地区分布也较多。河南省约有南阳黄牛 200 多万头。

图 2-9　南阳公牛

（一）外貌体格

南阳牛属大型役肉兼用品种。体格高大，是中国黄牛中体格最高的；肌肉发达，结构紧凑，皮薄毛细，行动迅速，鼻颈宽，口大方正，肩部宽厚，胸骨突出，肋间紧密，背腰平直，荐尾略高，尾巴较细。四肢端正，筋腱明显，蹄质坚实。牛头部雄壮方正，额微凹，颈短厚稍呈方形，颈侧多有皱襞，肩峰隆起 8~9 厘米，肩胛斜长，前躯比较发达；睾丸对称。母牛头清秀，较窄长，颈薄呈水平状，长短适中，一般中后躯发育较好。但部分牛存在胸部深度不

图2-10　南阳母牛

够，尻部较斜和乳房发育较差的缺点。毛色有黄、红、草白3种，以深浅不等的黄色为最多，占80%。红色、草白色较少。一般牛的面部、腹下和四肢下部毛色较浅，鼻镜多为肉红色，其中部分带有黑点，鼻黏膜多数为浅红色。蹄壳以黄蜡色，琥珀色带血筋者为多。公牛角基较粗，以萝卜头角和扁担角为主；母牛角较细、短，多为细角、扒角、疙瘩角。公牛最大体重可达1 000千克以上。

（二）生产性能

役用性能优良。南阳牛善走，挽车与耕作迅速，有"快牛"之称，役用能力强。公牛最大挽力为398.6千克，母牛最大挽力为275.1千克。经过强度育肥的阉牛体重达510千克时宰杀，屠宰率达64.5%，净肉率达56.8%，眼肌面积95.3平方厘米，肉质细嫩，香味浓，大理石花纹明显，皮质优良。

三、鲁西牛

鲁西牛亦称"山东牛"，是中国黄牛的优良地方品种，是我国中原黄牛四大品种之一（图2-11）。原产山东西南地区，主要产于山东省西南部的菏泽和济宁两地区，以优质育肥性能著称。

（一）外貌体格

该牛体躯高大，结构匀称，细致紧凑，身稍短，具有较好的役肉兼用体型，骨骼细，肌肉发达，背腰宽平，侧望为长方形。被毛

图2-11　鲁西牛

淡黄或棕红色,眼圈、口轮和腹下,四肢内侧为粉色。毛细、皮薄有弹性,角多为"龙门角"或"八字角"。公牛多平角或龙门角;母牛角形多样,以龙门角较多。垂皮较发达。公牛肩峰高而宽厚。胸深而宽,而后躯发育较差,尻部肌肉不够丰满,体躯呈明显前高后低的前胜体型。母牛鬐甲较低平,后躯发育较好,背腰较短而平直,尻部稍倾斜,关节干燥,筋腱明显,前肢多呈正肢势,或少有外向,后肢弯曲度小,飞节间距离小,蹄质致密但硬度较差,不适于山地使役。尾细而长,尾毛有弯曲,常扭生在一起呈纺锤状。被毛从浅黄到棕红色都有,而以黄色为最多,占70%以上,一般牛前躯毛色较后躯为深,公牛较母牛深。多数牛有完全或不完全的"三粉"特征(指眼圈、口轮、腹下与四肢内侧色淡),鼻镜与皮肤多为淡肉红色,部分牛鼻镜有黑点或黑斑。角色蜡黄或琥珀色,角形多为平角和龙门角。多数牛尾帚毛色与体毛一致,少数牛在尾帚长毛中混生白毛或黑毛。鲁西牛成年公牛体高、体长、胸围和体重分别为:(146.3±6.9)厘米,(160.9±6.9)厘米,(206.4±13.2)厘米,(644.4±108.5)千克;成年母牛分别为:(123.6±5.6)厘米,(138.2±8.9)厘米,(168.0±10.2)厘米,(365.7±62.2)千克。

(二)生产性能

鲁西牛产肉性能良好。皮薄骨细,产肉率较高,肌纤维细,脂肪分布均匀，呈明显的大理石状花纹。18 月龄的阉牛平均屠宰率 57.2%，净肉率 49%，骨肉比 1：6，脂肉比 1：4.23，眼肌面积 89.1 平方厘米。成年牛平均屠宰率 58.1%，净肉率为 50.7%，骨肉比 1：6.9，脂肉比 1：37，眼肌面积 94.2 平方厘米。肌纤维细，肉质良好，脂肪分布均匀，大理石状花纹明显。

四、晋南牛

晋南牛产于山西省西南部汾河下游的晋南盆地，分布于运城地区的万荣、河津、临猗、永济、运城、夏县、闻喜、芮城、新绛，以及临汾地区的侯马、曲沃、襄汾等县、市（图 2-12）。其中河津、万荣为晋南牛种源保护区。

图 2-12 晋南牛

（一）外貌体格

体格高大，骨骼结实，健壮。公牛头适中，额宽，嘴阔，俗称"狮子头"。母牛头清秀，鬐甲宽而稍隆起，胸深且宽，背腰平直，长短适中，尻部较窄，四肢坚实，蹄大而圆，蹄壁为深红色。公牛角圆形，角根粗，母牛角多扁形，向上方弯曲，角色蜡黄，角尖呈枣红色。毛色以红色为多，其次是黄色及褐色，被毛富有光泽。群众总结晋黄牛基本特征：狮子头，老虎嘴，兔子眼，顺风角，木碗蹄，前肢如立柱，后肢如弯弓。公牛体重 607.4 千克，体高 138.66 厘米，体长 157.4 厘米；母牛体重 339.4 千克，体高 117.4 厘米，体长 135.20 厘米；阉牛体重 453.9 千克，体高 130.80 厘米，体长 146.40 厘米。

（二）生产性能

晋南牛具有良好的役用性能，挽力大，速度快，持久力强。晋南牛产肉性能尚好，在生长发育晚期进行肥育时，饲料利用率和屠宰成绩较好，是向肉役兼用方向选育有希望的地方品种之一，在中低水平下育肥，日增重 455 克，成年牛育肥后屠宰率 52.3%，净肉率 43.4%，大理石花纹明显，嫩度理想。泌乳期平均产奶量 745 千克，乳脂率 5.5%~6.1%。

五、延边牛

延边牛是东北地区优良地方牛种之一，是朝鲜与本地牛长期杂交的结果，也混有蒙古牛的血液（图 2-13）。延边牛产于东北三省东部的狭长地带，分布于吉林省延边朝鲜族自治区的延吉、和龙、汪清、珲春及毗邻各县，黑龙江省的宁安、海林、东宁、林口、汤元、桦南、桦川、依兰、勃利、五常、尚志、延寿、通河，辽宁省宽甸县及沿鸭绿江一带。

图 2-13 延边牛

（一）外貌体格

延边牛属役肉兼用品种。胸部深宽，骨骼坚实，被毛长而密，皮厚而有弹力。公牛额宽，头方正，角基粗大，多向后方伸展，成一字形或倒八字角，颈厚而隆起，肌肉发达。母牛头大小适中，角细而长，多为龙门角。毛色多呈浓淡不同的黄色，其中浓黄色占

16.3%，黄色占74.8%，淡黄色占6.7%，其他占2.2%。鼻镜一般呈淡褐色，带有黑点。延边牛成年公牛体高（130.6±4.4）厘米，体重（465.5±61.8）千克，成年母牛体高（121.8±4.4）厘米，体重（365.2±44.4）千克。

（二）生产性能

延边牛性情温驯，持久力强，不仅适用于水旱田耕作，并善走山路和在倾斜地带工作，连续作业不易疲劳。瞬间最大挽力：公牛平均为425千克，母牛平均为331千克。延边牛自18月龄育肥6个月，日增重为813克，胴体重265.8千克，屠宰率57.7%，净肉率47.23%，眼肌面积75.8平方厘米。肉质柔嫩多汁，鲜美适口，大理石纹明显。泌乳期6~7个月，一般牛产乳量500~700千克，优良牛800~900千克，乳脂率为5.8%~6.6%。

六、蒙古牛

蒙古牛是中国黄牛中分布最广、数量最多的品种（图2-14）。耐粗、耐寒、抗病力强，能适应恶劣环境条件。原产蒙古高原地区，现广泛分布于内蒙古、东北、华北北部和西北各地。蒙古和俄罗斯，以及亚洲中部的一些国家也有饲养。蒙古牛是牧区乳、肉的主要来源，以产于锡林郭勒盟乌珠穆沁的类群最为著名。

图2-14　蒙古牛

（一）外貌体格

本品种头短宽而粗重，额稍凹陷。角细长，向上前方弯曲。角形不一，多向内稍弯。被毛长而粗硬，以黄褐色、黑色及黑白花为多。皮肤厚而少弹性。颈短，垂皮小。鬐甲低平，胸部狭深。后躯短窄，尻部倾斜。背腰平直，四肢粗短健壮。乳房匀称且较其他黄牛品种发达。蒙古牛成年公牛体高 120.9 厘米，母牛 110.8 厘米。蒙古牛头短宽而粗重，角长、向上前方弯曲、呈蜡黄或青紫色，角质致密有光泽，平均角长，母牛为 25 厘米，公牛 40 厘米，角间线短，角间中点向下的枕骨部凹陷有沟。肉垂不发达。甲低下。胸扁而深，背腰平直，后躯短窄，尻部倾斜。乳房基部宽大，结缔组织少，但乳头小。四肢短，蹄质坚实。从整体看，前躯发育比后躯好。皮肤较厚，皮下结缔组织发达。毛色多为黑色或黄（红）色，次为狸色、烟熏色。

（二）生产性能

母牛泌乳期 5~6.5 个月，年平均产量 500~700 千克，最高日产乳量 8.16 千克，平均乳脂率为 5.22%，最高者达 9%，最低为 3.1%。中等营养水平的阉牛平均宰前重 376.9 千克，屠宰率为 53%，净肉率 44.6%，骨肉比 1∶5.2，眼肌面积（56.0±7.9）平方厘米。肌肉中粗脂肪含量高达 43.0%。蒙古牛役用能力较大且持久力强，能吃苦耐劳。蒙古牛是我国北方优良牛种之一。它具有乳、肉、役多种用途，适应寒冷的气候和草原放牧等生态条件。它耐粗宜牧，抓膘易肥，适应性强，抗病力强，肉的品质好，生产潜力大。

七、三河牛

三河牛是中国培育的乳肉兼用品种。产于额尔古纳市三河地区（根河、得耳布尔河、哈布尔河）（图 2-15）。三河牛品种盛多（西门塔尔牛、西伯利亚牛、俄罗斯改良牛、后贝加尔土种牛、塔吉尔牛、雅罗斯拉夫牛、瑞典牛和日本北海道荷兰牛），分别为复杂杂交、横交固定和选育提高而形成。1986 年 9 月，被内蒙古自治区人民政府正式验收命名为"内蒙古三河牛"。

图2-15 三河牛

（一）外貌体格

三河牛体格高大结实，肢势端正，四肢强健，蹄质坚实。有角，角稍向上、向前方弯曲，少数牛角向上。乳房大小中等，质地良好，乳静脉弯曲明显，乳头大小适中，分布均匀。毛色为红（黄）白花占主要部分，花片分明，头白色，额部有白斑，四肢膝关节下部、腹部下方及尾尖为白色。成年公、母牛的体重分别为1 050千克和547.9千克，体高分别为156.8厘米和131.8厘米。犊牛初生重，公犊为35.8千克，母犊为31.2千克。

（二）生产性能

6月龄体重，公牛为178.9千克，母牛为169.2千克。从断奶到18月龄，在正常的饲养管理条件下，平均日增重为500克，从生长发育上，6岁以后体重停止增长，三河牛属于晚熟品种。在完全放牧不补饲的条件下，产肉量明显提高，产肉性能好，2岁公牛屠宰率为50%~55%，净肉率为44%~48%，阉牛屠宰率为54%，净肉率为45.6%。三河牛产奶性能好，年平均产奶量为4 000千克，个别高产牛达7 000千克以上，乳脂率在4%以上。2~3岁公牛的屠宰率为50%~55%，净肉率为44%~48%。

八、草原红牛

草原红牛是以乳肉兼用的短角公牛与蒙古母牛长期杂交育成，具有适应性强，耐粗饲的特点（图2-16）。主要产于吉林白城地区、内蒙古昭呼达盟、锡林郭勒盟及河北张家口地区。1985 年经国家验收，正式命名为中国草原红牛。目前草原红牛总头数达 14 万头。

图 2-16　草原红牛

（一）外貌体格

草原红牛被毛为紫红色或红色，其余有沙毛，少数个体胸、腹、乳房为白色。体格中等，头较轻，大多数有角，角多伸向前外方，呈倒八字行，略向内弯曲。颈肩结合良好，胸宽深，背腰平直，四肢端正，蹄质结实。乳房发育良好。成年公牛体重 700~800 千克，母牛为 450~500 千克。犊牛初生重 30~32 千克。

（二）生产性能

据测定，18 月龄的阉牛，经放牧肥育，屠宰率为 50.8%，净肉率为 41.0%。经短期肥育的牛，屠宰率可达 58.2%，净肉率达 49.5%。在短期育肥的条件下，3.5 岁阉牛于 499.5 千克时屠宰，屠宰率为 52.7%，净肉重为 221.2 千克，净肉率为 44.2%，眼肌面积 63.2 平方厘米。在放牧加补饲的条件下，平均产奶量为 1 800~2 000 千克，乳脂率 4.0%。草原红牛繁殖性能良好，性成熟年龄为 14~16 月龄，初情期多在 18 月龄。在放牧条件下，繁殖成活率为 68.5%~84.7%。

九、新疆褐牛

新疆褐牛主要产于新疆天山北麓的西端伊犁地区和准噶尔界山塔城地区的牧区和半农半牧区，分布于全疆的天山南北，主要有伊犁、塔城、阿勒泰、石河子、昌吉、乌鲁木齐、阿克苏等地区（图2-17）。

图2-17 新疆褐牛

（一）外貌体格

新疆褐牛有角，角尖稍直、呈深褐色，角大小适中、向侧前上方弯曲呈半椭圆形。毛色呈褐色，深浅不一，顶部、角基部、口轮的周围和背线为灰白色或黄白色，眼睑、鼻镜、尾尖、蹄呈深褐色。成年公牛体高、体长、胸围和体重分别为144.8厘米、202.3厘米、229.5厘米、950.8千克；成年母牛分别为121.8厘米、150.9厘米、176.5厘米、430.7千克。

（二）生产性能

在舍饲条件下，新疆褐牛平均产奶量为2 100~3 500千克，个别可达5 212千克，乳脂率4.03%~4.08%，乳的干物质为13.45%；放牧条件下，泌乳期约100天（新疆褐牛其产乳量的高低主要受天然草场水草丰茂程度的影响，挤乳期主要在6—9月），产奶量1 000千克左右，乳脂率4.43%。另外，中上等膘情1.5岁的阉牛，在放牧条件下，宰前体重235千克，屠宰率47.4%；成年公牛 433 千克时屠宰，屠宰率 53.1%，眼肌面积 76.6 平方厘米。

十、其他

除去前已述及的品种之外，我国优良本地品种还有闽南牛、皖南牛、大别山牛、枣北牛、巴山牛、雷琼牛、温岭高峰牛、云南高峰牛、渤海黑牛和藏牛等，培育品种还有科尔沁牛等，在此不再赘述。

第三章　肉牛场的建设

农区的现代肉牛场不同于以往的放牧育肥、半放牧半舍饲或农户饲养，是以生存优质牛肉为目标的。肉牛业快速、高效、科学发展的根本出路在于标准化、适度规模化、现代化。肉牛场的设计、建造必须综合考虑自然环境、社会经济、卫生防疫和长远发展等各种因素，因地制宜地处理好相互之间的关系。

第一节　肉牛场的选址要求

随着规模化养殖的发展，肉牛场环境的重要性日益突出。为了保证、提高肉牛养殖效益，同时又不污染周边环境，必须在选址时认真考察、综合考虑各种影响因素，以免在将来产生不必要的麻烦。只有给牛创造适宜的生活环境，才能保证牛只健康和生产的高效运行。场址的选择应根据牛场规模、饲养方式等情况综合考虑，对地势、地形、土质、水源、电源和居民点，进行全方位的调查了解，统筹安排和长远规划，还要与农牧业发展规划、农田基本建设规划以及修建住宅等规划结合起来，并符合兽医卫生和环境卫生的要求，选择周围无传染源、无人畜地方病的地方建场。所选场址，应能适应现代化养牛业的发展趋势，要有发展余地。

一、青贮饲料

青贮饲料是牛场的必备资源，牛场要选在青贮玉米或其他青贮资源丰富，周围牛场较少的地方。平原地区青贮原料地距离牛场最好不要超过 30 千米，否则运费过高，且不利于青贮饲料的收储工作，尤其是运输过程中青贮原料易发酵、降低质量。因此，在选址建场时，要充分考虑青贮饲料的收储问题。

二、地势和地形

肉牛场应选择地势高燥、地形平坦的地方，与河流保持一定距离，而且要高于河岸。最高地下水位需在青贮窖底部 2 米以下，这样可以减少土壤毛细管水上升而造成的地面潮湿。要向阳背风，以保证场区小气候温热状况相对稳定，减少冬春季风雪的侵袭，特别是要避开西北方向的风口和长形谷地。牛场的地面要平坦，有一定坡度（1%～3% 比较理想），以便排水，最大坡度不能超过 25%，总坡度应与水流方向相同。不可在低洼处建场，以免排水困难，汛期积水及冬季防寒困难。

三、土质

牛场土质非常重要，与饲养管理好坏有很大关系。场地土壤透气、透水、吸湿、抗压性等，直接或间接影响环境卫生和牛体健康。土质以沙壤土为理想，沙壤土透水性良好，持水性小，易于保持场地干燥和牛体卫生，同时此类土壤导热性小，热容量大，土温比较稳定，是最适合建场的土壤。黏土不宜选用，因为如果是黏土，特别是牛场的运动场是黏土，会造成积水、泥泞，牛体卫生差，腐蹄病发生率高。

四、周边环境

牛场的饲料、产品等运输量很大，同时职工及其家属需要与外界联系。牛场的交通要求方便，但又不能在交通干线旁，以防止传染病传播。距离生活饮用水源地、交通主干线和居民区、其他畜禽养殖场、屠宰加工厂和活畜交易市场 500 米以上。同时避开对肉牛场造成污染的工矿企业、化工企业。牛场周边环境需符合兽医卫生和环境卫生的要求。要具备就地无害化处理粪尿、污水的足够场地和排污条件。周边有效种植土地面积决定了粪污的最终消化能力。

五、水源

水源充足、水质良好是维持牧场正常生产的必要条件。一头中等体重的肉牛，每天饮水量 10~15 升。环境温度高或采食干饲料时，饮水量还要增加。因此，在选择场址时，要考虑是否有充足良好、符合卫生条件的水源。要选择水源充足、水源周围环境条件好、水质良好、没有污染源、取用方便的地方。同时，还要注意水中所含微量元素的成分与含量，特别要避免被工业、微生物、寄生虫等污染的水源。一般水量充足，水质清洁，特别是深层水井是理想的牛场水源。

六、电源

牛场应该有可靠的电源。对于机械化程度较高的牛场必须配备发电机组，以便在断电情况能够维持关键环节的正常运转。

七、场地面积

肉牛生产、生活需要一定的场地、空间。牛场大小可根据每头牛所需面积（80~150 米²），结合本场远景规划计算出来。牛舍及房舍的面积为场地总面积的 15%~20%。由于牛体大小、生产目的、饲养方式等不同，所以每头牛所占实用面积也不一样，具体面积还要以实地情况因地制宜。一般繁殖母牛在散放舍饲饲养条件下，可每三圈作为一个单元，共养 12 头不带犊母牛，每牛所占面积为 23 米²（包括运动场），而带犊哺乳母牛则需 32 米²。育肥牛所需面积以通栏育肥牛舍计，有垫草的每头牛占 2.3~4.6 米²，有隔栏的每头牛占 1.6~2.0 米²。

举例以做参考：建设出栏 100 头自繁自育的牛场，牛群组织和更替一般母牛、犊牛、育肥牛大概比例 13∶11∶11，牛舍面积为 1 000 米²，再加附属及其他建筑 300 米²，青贮池占地大约 200 米²，共计 1 500 米²。一般牛场建筑面积占到总面积 20%~40%。因此，100 头牛场预算占地应在 6~11 亩（1 亩≈666.7 米²，下文同）地。

第二节 肉牛场建设用地条件和审批程序

《中华人民共和国畜牧法》（以下简称《畜牧法》）第三十七条规定，按照乡镇土地利用总体规划建立的畜禽养殖场、养殖小区用地按农业用地管理，但建设永久性建筑的，依照《土地法》的规定办理。所以任何一个肉牛场必须取得土地部门"土地备案"手续后，才算取得养殖场土地合法使用权。

一、养殖土地的分类

依据《土地利用现状分类》（GB/T 21010—2007），畜牧养殖场的建设用地属于设施农用地，设施农用地是指直接用于经营性养殖的畜禽舍的生产设施用地及其相应附属设施用地。

① 养殖生产设施用地是指规模化养殖中畜禽舍（含场区内通道）、畜禽有机物处置等生产设施及绿化隔离带用地。

② 养殖附属设施用地是指管理和生活用房用地（必需配套的检验检疫监测、动植物疫病虫害防控、办公生活等）、仓库用地（指存放农产品、饲料、农机农具和农产品分拣包装等）、硬化晾晒场（生物质肥料生产场地）、符合"农村道路"规定的道路等用地。

二、可用作养殖用地的性质

1. **养殖可用地**

荒山荒坡、滩涂等未利用地和低效闲置的土地可用作养殖用地，尽量不占或少占耕地。

2. **养殖禁用地**

《畜牧法》明令禁止的区域是指生活饮用水的水源保护区，风景名胜区、自然保护区的核心区和缓冲区，城镇居民区，文化教育科学研究区等人口集中区域，以及其他法律、法规规定的其他禁养区域。严禁占用基本农田。

三、有关附属设施的用地规定

附属设施用地规模国家严格控制，规模化畜禽养殖的附属设施用地规模原则上控制在项目用地规模 7% 以内（其中规模化养牛、养羊的附属设施用地规模比例控制在 10% 以内），最多不超过15 亩。

四、养殖场用地备案审核程序

1. 经营者申请

设施农业经营者应拟定设施建设方案，方案内容包括项目名称、建设地点、用地面积，拟建设施类型、数量、标准和用地规模等；并与有关农村集体经济组织协商土地使用年限、土地用途、补充耕地、土地复垦、交还和违约责任等有关土地使用条件。协商一致后，双方签订用地协议。经营者持设施建设方案、用地协议，向乡镇国土所及乡镇政府提出用地申请。涉及土地承包经营权流转的，经营者应依法先行与农村集体经济组织和承包农户签订土地承包经营权流转合同。

2. 乡镇申报

乡镇政府（及乡镇国土所）依据设施农用地管理的有关规定，对经营者提交的设施建设方案、用地协议等进行审查。符合要求的，乡镇政府应及时将有关材料呈报县级政府审核；不符合要求的，乡镇政府及时通知经营者，并说明理由。

3. 县级审核

县级政府组织畜牧（农业）部门和国土资源部门进行审核。畜牧（农业）部门重点就畜牧养殖场建设的必要性与可行性、养殖场的规划布局是否符合《动物防疫法》要求、承包土地用途调整的必要性与合理性，以及经营者经营能力和流转合同进行审核，国土资源部门依据畜牧（农业）部门审核意见，重点审核设施用地的合理性、合规性以及用地协议，涉及补充耕地的，要审核经营者落实补充耕地情况，做到先补后占。符合规定要求的，由县级政府审核同意，土地部门批复。

第三节　肉牛场的规划与布局

一、设计遵循的原则

建设肉牛场的目的就是为了给牛创造适宜的生活环境，保障牛的健康和生产的正常运行，同时以最少的资金、饲料和劳动力投入，获得最大的产出和经济效益。因此，在设计肉牛场时应掌握以下原则。

（一）为肉牛创造适宜的环境

肉牛的生产力有20%取决于品种，40%~50%取决于饲料，20%~30%取决于环境。一个适宜的环境可以充分发挥牛的生产潜力，提高饲料利用率。不适宜的环境温度可以使肉牛的生产力下降10%~30%。此外，即使喂给全价饲料，如果没有适宜的环境，饲料也不能最大限度地转化为牛肉产品，从而降低了饲料利用率。由此可见，修建牛舍时，必须符合肉牛对各种环境条件的要求，包括温度、湿度、通风、光照、空气中的二氧化碳、氨、硫化氢等，为肉牛创造适宜的环境。

（二）要符合生产工艺流程

肉牛生产工艺包括牛群的结构和周转方式，运送草料、饲喂、饮水、清粪等，也包括测量、称重、采精输精、疾病防治、生产护理等技术措施。建设肉牛场必须与本场生产工艺相结合，能保证生产的顺利进行和畜牧兽医技术措施的实施。否则，必将给生产造成不便，运行成本高，甚至使生产无法进行。

（三）严格卫生防疫，防止疫病传播

流行性疫病对牛场会形成威胁，造成经济损失。通过修建规范化、科学化肉牛场设施，为牛创造适宜生活环境，防止或减少疫病发生。此外，修建牛舍时还应特别注意卫生要求，以利于兽医防疫制度的执行。要根据防疫要求合理进行场地规划和建筑物布局，确定牛舍朝向和间距，设置消毒设施，合理安置污物处理设施等。

（四）要做到经济合理，技术可行

牛场建设要尽量利用自然界的有利条件（自然通风、自然光照等），就地取材，采用当地建筑施工习惯，适当减少附属用房面积，以降低生产成本，加快资金周转。牛舍设计方案必须通过施工能够实现，否则，方案再好而施工技术上不可行，也只能是空想。

二、场区的规划和布局

牛场的布局应本着因地制宜和科学管理的原则，以整齐、紧凑、提高土地利用率和节约基建投资，经济耐用，有利于生产管理和便于防疫、安全为目标。做到各类建筑合理布置，符合发展远景规划，符合牛的饲养、管理技术要求，交通便利，方便运输草料和牛粪等。牛场一般分生活区、管理区、生产区、病牛隔离治疗与粪污处理区。各个功能区间有防疫隔离带或墙。四个区域规划是否合理，建筑物布局是否得当，直接关系到牛场的生产效率和经济效益（图3-1）。

图3-1 肉牛场规划布局图

（一）生活区

生活区是指职工生活住宅区。应在牛场上风向和地势较高的地段，并与生产区保持100米以上的距离，以保证生活区良好的卫生环境，避免牛场的不良气味、噪声、粪尿和污水，影响职工生活质量，同时也为防止非工作人员走访而影响防疫。

（二）管理区

管理区是牛场经营管理的中心，包括办公室、财务室、接待室、资料室、化验室、会议室等与经营管理有关的建筑物。牛场管理区的经营活动与社会有密切的联系，在规划时，应充分利用原有道路和输电线路，综合考虑饲料和生产资料的供应、产品的销售等，为防止疫病传播，场外运输车辆和牲畜严禁进入生产区。管理区要和生产区严格分开，保证50米以上距离，且位于生产区的主导风向上方。外来人员只能在管理区活动。除饲料外，汽车库等其他仓库也应设在管理区。

（三）生产区

生产区是整个肉牛场的核心和产生经济效益的主体，应设在场区地势较低的位置，要能控制场外人员和车辆，使之不能直接进入生产区，要保证最安全，最安静。大门口设立门卫传达室、消毒室、更衣室和车辆消毒池，严禁非生产人员出入场内，出入人员和车辆必须经消毒室或消毒池进行消毒。生产区由一定数量的牛舍和配套设施组成。牛舍要合理布局，各牛舍之间要保持适当距离，布局整齐，以便防疫和防火。但也要适当集中，节约水电线路管道，缩短饲草饲料及粪便运输距离，便于科学管理。饲料的供应、储存、加工是牛场的重要组成部分，与饲料运输有关的建筑物，原则上应规划在地势较高的地方，同时兼顾饲料由场外运入、再运到牛舍分发这两个环节，并保证防疫卫生安全。粗饲料库设在生产区下风口地势较高处，与其他建筑物保持60米防火距离。饲料库、干草棚、加工车间和青贮池，离牛舍要近一些，便于车辆运送草料，减小劳动强度，但必须防止牛舍和运动场因污水渗入而污染草料。

（四）病牛隔离治疗与粪污处理区

该区主要包括兽医室、病牛隔离舍、粪污与病牛尸体处理场等，设在生产区下风地势低处，与生产区距离100米以上，病牛区应便于隔离，使用单独通道，便于消毒、污物处理等。尸坑和焚尸炉距离畜舍300米以上。

第四节　牛舍的建设

牛舍要根据饲养方式和当地气候条件等因素来综合考虑，在设计建造时通用原则就是，因地制宜，灵活运用，就地取材，既要做到科学饲养、经济实用，又要符合兽医防疫、节约成本。

一、牛舍类型

（一）按用途划分

种公牛舍、繁殖母牛舍、产房、犊牛舍、育成牛舍、育肥牛舍、观察牛舍、隔离牛舍。

（二）按建筑结构分

单列式牛舍、双列式牛舍、多列式牛舍。一般单列式牛舍跨度多为4.5~5米；双列式跨度为9~10米，多采用头对头饲养。

（三）按环境划分

敞篷式牛舍、开放式牛舍、半开放式牛舍、封闭式牛舍。

一般情况下，为提高牛舍利用效率，多将繁殖母牛舍、育成牛舍、育肥牛舍设计成通用牛舍。对于规模较大的肉牛场，应将不同用途的牛舍分开；对于养殖小区，则可将繁殖母牛舍、产房、犊牛舍建于一栋牛舍内，并在牛舍一端设置单独饲料饲草间和宿舍。总之，采用哪种类型的牛舍，需根据饲养规模、生产工艺和环境等因素因地制宜地选择。在北方农区，肉牛场采用的牛舍类型多为半开放式牛舍或开放式牛舍。

1. 半开放牛舍

半开放牛舍三面有墙，向阳一面敞开，有部分顶棚，在敞开一侧设有围栏，水槽、料槽设在栏内，肉牛散放其中。每舍15~20头，每头牛占有面积4~5米^2。这类牛舍造价低，节省劳动力，但冷冬防寒效果不佳。

2. 塑料暖棚牛舍

塑料暖棚牛舍（图3-2）属于半开放牛舍的一种，是近年北方寒冷地区推出的一种较保温的半开放牛舍。与一般半开放牛舍比，保温效果较好。塑料暖棚牛舍三面全墙，向阳一面有半截墙，有 1/2~2/3 的顶棚。向阳的一面在温暖季节露天开放，寒季在露天一面用竹片、钢筋等材料做支架，上覆单层或双层塑料，两层膜间留有间隙，使牛舍呈封闭的状态，借助太阳能和牛体自身散发热量，使牛舍温度升高，防止热量散失。

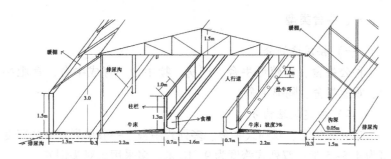

图 3-2　塑料暖棚牛舍

3. 双坡开放式装配牛舍

肉牛舍四周无墙壁，多为钢架装配结构，工厂制作，现场装配，用料简单，重量轻。屋顶为镀锌板或太阳板，屋梁为角钢焊接，颈夹、隔栏和围栏为镀锌钢管。牛舍一般采用双列头对头设计，中间为饲料通道，通道两边为饲槽。开放式牛舍因通风良好，适合于河北、河南、山东和南方地区。目前，新建牛场多采用开放式轻钢结构、彩板装配屋顶式牛舍。这种装配式牛舍系先进技术设计，采用国产优质材料制作。其适用性，耐用性及美观度均居国内一流，且制作简单，省时，造价低。其特点如下。

（1）适用性强　保温，隔热，通风效果好。牛舍前后两面墙体由活动卷帘代替，夏季可将卷帘拉起，使封闭式牛舍变成棚式牛舍，自然通风效果好。屋顶部安装有可调节风帽。冬季卷帘放下时通风调节帽内蝶形叶片使舍内氨气排出，达到通风换气效果。

（2）耐用　牛舍屋架，屋顶及墙体根据力学原理精心设计，选用优质防锈材料制作，既轻便又耐用，一般使用寿命在 20 年以

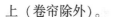

上（卷帘除外）。

（3）美观　牛舍外墙采用金属彩板（红色，蓝色）扣制，外观整洁大方、漂亮。

（4）造价相对较低　按建筑面积计算，每平方米造价仅为砖混结构、木屋结构牛舍的80%左右。

（5）建造快其结构简单　工厂化预制，现场安装。在基础完成的情况下，一栋标准牛舍一般在15~20天即可造成。这种牛舍的适用性、科学性主要体现在屋架、屋顶和墙体，宽敞通风，以及方便于采用TMR等先进的饲喂和管理工艺技术。

二、牛舍建筑设计

要根据饲养规模的大小而定，房舍和牛舍之间及各牛舍之间，应该有50米以上的距离。牛舍建筑面积，可按成牛占地8米^2/头、育成牛6米^2/头、犊牛4米^2/头计算。牛舍的向阳面应设运动场，运动场按母牛15米^2/头和育肥肉牛10米^2/头的标准进行设置。采用舍饲拴系饲养的大、中型肉牛场，每舍应饲养100头为宜，一般采用双列式，饲养50头以下的小型肉牛场应采用单列式。

三、牛舍建筑要求

牛舍建筑，要根据当地的气温变化和牛场生产、用途等因素来确定。建牛舍因陋就简，就地取材，经济实用，还要符合兽医卫生要求，做到科学合理。有条件的，可建质量好、经久耐用的牛舍。牛舍以坐北朝南或朝东南好。牛舍要保证太阳光线充足和空气流通。房顶有一定厚度，隔热保温性能好。舍内各种设施的安置应科学合理，以利于肉牛生长。

（一）地基

地基是建造牛舍的基础，必须具备足够强度和稳定性，坚固，防止下沉和不均匀下陷，使建筑物发生裂缝和倾斜，应尽量利用天然地基以降低建造成本。地基设计应遵守《建筑地基基础设计规范》（GB 50007—2002）。采用轻钢结构的牛舍，支撑钢梁的基座应用钢筋混凝土灌注，深度依据牛舍跨度与屋顶重量确定，最少不低于 1.5 米，非承重的墙基地下部分深 50 厘米。

（二）墙壁

维持舍内温度及卫生，要求坚固结实、抗震、防水、防火、具有良好的保温、隔热性能，多采用砖墙，厚度根据保温需要设定。墙壁用水泥抹 1 米以上的墙裙，以便于清洗和消毒。

（三）屋顶

屋顶是对牛舍环境影响最大的因素，要求通风散热效果，夏季隔热，冬季保温。能防雨水、风沙，隔绝太阳辐射。用料要求质轻坚固结实、防水、防火、保温、隔热，抵抗雨雪、强风等外力影响。屋顶样式以单坡式、双坡式和钟楼式居多。双坡式是最常见的屋顶样式，适用于我国所有养殖肉牛地区，通用性强，结构简单、造价较低。对于双列式牛舍建议屋顶上缘距地面高 3.5~4.5 米，屋顶下缘距离地面 2.5~3.5 米。采用轻钢结构的，应遵守《钢结构设计规范》（GB 50017—2003）。屋顶材料使用新型彩钢板时，建议使用双层彩钢板，中间填充 5~10 厘米厚的保温隔热层。为充分利用太阳能提高冬季舍内温度和光照，一般在向阳侧屋顶安装一排宽 1 米左右的采光板，夏季遮蔽，冬季打开。

（四）地面

要求致密坚实，不硬不滑，温暖有弹性，易清洗消毒。大多数采用水泥，其优点是：坚实，易清洗消毒，导热性强，夏季有利散热；缺点是：缺乏弹性，冬季保温性差，对乳房和肢蹄不利。

（五）跨度

牛舍的跨度根据生产工艺需求、使用的饲喂机械和饲养牛的数量确定。一般情况下，单列式牛舍宽 4~6 米，长 50~80 米；双列式牛舍宽 8~10 米，长 100~150 米。

（六）牛床

牛床是牛采食和休息的主要场所。牛在一天内约有 50%~70% 的时间是在牛床上躺卧休息，因此，牛床应具有保温、不吸水、坚固耐用、易于清理消毒等特点。根据所用建筑材料的不同，分为混凝土牛床、石质牛床、沥青牛床、砖牛床、木质牛床和土质牛床。
具体选用哪种材料修建应根据当地材料和养殖需要确定。牛床的
长、宽根据牛的大小和生长阶段确定。推荐尺寸见表3-1。

表3-1　不同类型牛的牛床尺寸　　　　（单位：厘米）

类型	长度	宽度
犊牛	100~150	60~80
育成牛	120~160	70~90
妊娠母牛	180~200	120~150
空怀母牛	170~190	100~120
育肥牛	160~180	100~120
种公牛	200~250	150~200

（七）门

双列式牛舍两端对着饲喂通道的大门，门高建议不低于2米，
宽2.2~3.5米，具体大小请根据采用饲喂车的类型和尺寸确定，
以方便生产运行为准。不要设门槛，最好设置推拉门。供牛出入的
侧门宽1.5米，高2米即可。存栏达到100头以上的牛舍，牛只进
入运动场的侧门不少于2个。

（八）窗

窗户的设置是针对除开放式牛舍之外的类型而言的，应符合通
风透光的要求。窗户面积与舍内地面面积之比，成母牛1∶12，育
成牛1∶（12~14），犊牛1∶14。一般窗户宽1.5~3米，高1.2~
2.4米，窗台距地面1.2米。

（九）饲槽

饲槽设在牛床前面，紧邻饲喂通道。传统的肉牛养殖多采用固
定水泥槽饲喂，其规格尺寸根据牛只发育阶段、个体大小确定，一
般槽上宽0.6~0.8米，底宽0.35~0.40米，呈弧形，饲槽内缘高
0.35米（靠近牛床侧），外缘高0.6~0.8米（靠饲喂通道侧）。绝
大多数牛床为了方便操作，节约劳动力，采用高通道、低槽位的槽

· 47 ·

道合一式结构，即饲槽外缘和饲喂通道在一个水平面上，目前，也有不少牛场，把饲槽和饲喂通道合二为一设成一个大的饲喂通道，并在通道两侧边缘铺设 60 厘米×60 厘米的瓷砖，更方便饲喂和清扫。

（十）水槽或饮水器

对于采用自由饮水的牛场，应单独设置水槽或自动饮水器。水槽大小根据牛只数量确定，成年牛水槽高度 40～50 厘米，底部离地面高度 30～40 厘米；犊牛和青年牛水槽高度 30～40 厘米，底部离地面高度 20～30 厘米。有条件的母牛舍可在饲槽旁边距离地面约 50 厘米处安装自动饮水器。

（十一）通道

牛舍内必须设置专门的饲喂通道，用于饲料的运输。使用饲喂机械设备的牛舍根据机械最大宽度确定，一般为 3 米。在现代化规模养殖场，牛舍内还应设置牛粪清理、运输的通道，宽度为 1.3～1.5 米。

第五节　附属设施的配置

肉牛场的附属设施包括饲料加工与存储区、兽医室、病牛隔离舍、运动场和凉棚、粪污处理区、锅炉房等。

一、饲料加工与存储区

饲料加工与存储区主要包括青贮设施、干草料库、精料库（或饲料加工间）。

（一）青贮设施

青贮设施分为青贮窖、青贮池、青贮塔三种，其中青贮池最为常见。青贮池根据深入地下的程度分为地上、半地上、地下三种。我们提倡的首选是地上青贮，尤其是硬化地面上的青贮，只要在较高、夯实的地面上水泥浇筑成一个平整场地即可，但要注意设置排水；这种方法比其他永久性青贮窖的造价低，但不方便压实，技术性及经验性要求比较高，整个青贮过程完成的时间更是要求一个快字。此种方法在国外被广泛采用。其次是半地下和地下青贮。

建设坚固结实、经久耐用、方便实用的青贮池，首先要选择好合理的地址。一般选择建在地势较高、土质坚硬、地面干燥、地下水位低、远离污染源的地方，而且要方便加工调制和取用饲喂。在青贮方法中，设计青贮设施的大小时，必须要知道肉牛场的设计规模，到底需要多少青贮饲料，这样才能计算出青贮设施的大小。一般情况下，青贮容量按照每立方米青贮料的重量按 500 千克进行保守计算（实际容重根据压实情况不同，一般为 500~700 千克），每天每头牛设计平均需要量 20 千克（这里已经包含浪费、霉变的青贮损耗）；全群按 12 个月储备，也可按照 13 个月储备。为保证青贮质量，青贮池不要设计太宽，一般不超过 8 米，深度不超过 5 米。若每天掘进量太少，会加剧青贮氧化，浪费严重。根据每日饲喂量，青贮挖取面每天掘进不应少于 0.5 米。青贮池设计不宜太长，因为制作青贮饲料时要求在越短时间装满一池越好，尽快覆盖密封，一般长度在 60~100 米。在多雨的地方青贮池要设计成地上式，可以采用现浇钢筋混凝土、毛石砌筑或砖砌。地上式青贮窖虽然一次性投资有所增加，但是每年可以少浪费 5% 左右的青贮料，建议有条件的牛场制作地上式青贮池。

（二）干草料库

根据自身资金和当地气候等因素确定建造干草料库的样式，简易的可以不用建库，只需用石头或其他材料做一个高度 60 厘米左右的平台，把干草捆码垛在上面，用苫布盖好即可。设计干草料库就要计算干草用量，一般按照每头牛每天按 8 千克，每立方米干草重量 300 千克计算，同时兼顾干草采购次数（采购次数多，库房面积可适当缩小），设计高草料库大小。库中草捆码放高度一般按 3~3.5 米计算，大型牧场如采用机械操作，高度可以适当增加。

（三）精料库

精料库最好单独设立一个与外界联系的大门，门口设置一个消毒池，进出的车辆和个人都需要进行严格的消毒。精料库设计要看是否安装饲料加工机组，如果有饲料加工机组，加工间的大小一般18米×12米就可以了。精料库（存放成品全价料或玉米、豆粕等原料）大小按储备至少2个月饲料的用量设计，码放高度≤1.5米，码放面积为库内面积的50%。为了防止受潮，门窗要时常通风。

二、兽医室

兽医室是养牛场必备的建筑设施之一，其主要作用是存放一定量的生物制剂或药剂，并为场内的兽医提供工作的场所，方便兽医对牛群的检查和对病牛的治疗。兽医室一般与输精室相邻，根据牛场规模配备相应数量的工作人员和设备。

三、病牛隔离舍

病牛隔离舍要与整个生产区保持一定的距离，一般要在100米以上，最好在生产区的下风向，以免病菌对生产区造成影响。隔离室的牛床要比一般的牛床长且宽，最好是对尾布置。牛床的数量要按照整个场区牛群数量的2%~5%来建设。

四、运动场和凉棚

采用拴系式育肥饲养的牛场一般不设置运动场，但对于饲养公牛、繁殖母牛和采用散栏养牛的牛舍，必须设有运动场。运动场一般根据实地情况和牛舍位置，设置在牛舍一侧或两侧。对于运动场在牛舍阳面的，冬季可以使牛获得足够的光照，改善运动场的卫生环境，有利于牛群生长发育，但是不利于夏季防暑，所以设置在牛舍阳面的运动场需要设置凉棚，运动场凉棚面积按成母牛4~5米²计算，应为南向，棚顶应隔热防雨，并在四周栽种高大的落叶树木，用来遮阴。运动场要为牛群设置饮水器具和补饲槽。饮水槽周围应铺设一定宽度的水泥地面，保证水槽周围场地的干净整洁。运动场面积的设计，依据是成年牛为10~15米²/头，育成牛8~10米²/头，犊牛5~8米²/头。运动场地面以三合土为宜。运动场可按不同的品种、大小的规模用围栏分成小的区域。围栏运动场周围设有高 1~1.2 米围栏，栏柱间隔 1.5 米，可用钢管或水泥桩柱建造，要求结实耐用。

五、粪污处理区

粪污处理区主要是粪场和污水池。为了避免污染环境，必须配备粪场和污水池。粪场应该能贮存一个月的粪量，粪场地面要坚硬不渗水。污水池距离牛舍应在 6 米以上，容积要根据养殖头数确定，以能储存一个月的粪尿为依据，每月清除一次；一般参照成年牛 0.3 米³/头、犊牛 0.1 米³/头来综合设计。

六、锅炉房

锅炉房是对整个场区提供采暖的主要设施。锅炉房要与生产区保持一定的距离，以避免灰尘对生产区的污染。同时还要尽量缩短管线距离，以便节约投资，降低建设和运行成本。

第四章 肉牛育种技术

在动物生产中，品种的贡献一般在40%以上，所以优良的品种是整个畜牧业发展的关键。我国肉牛育种的历史始于20世纪70年代，随着中国良种黄牛委员会的成立，一些品种成立了选育协作组，先后制定了选育方案、体型外貌鉴定方法、良种登记和畜群档案制度。在20世纪70年代中期，中国才提出了将要发展"独立的肉牛业"。从20世纪80年代，我国黄牛育种工作才逐渐有计划的启动黄牛的肉用选育。2008年，我国的牛肉产量已成为美国和巴西之后的第三大牛肉生产国，在部分地区肉牛养殖已经成为区域经济发展和农民增收的新亮点。因此，大力发展现代肉牛种业，完善良种繁育体系，强化制种、供种能力建设，加速培育优质肉牛专门化品种、提高牛肉产量和品质已是势在必行。在此情况下，必须掌握最基本的选种和遗传改良方法。

第一节 外貌鉴定

研究牛的外貌，主要是研究牛的外部形态，包括外貌的整体结构和局部特征，以此判断牛的健康状况，经济类型与种用品质。分析牛的整体与局部之间以及各部位之间外貌特征的相关性，以揭示某些外貌部位所存在的优缺点。研究某些外貌部位特征与生产性能之间的内在联系与变化规律，为牛的选择和育种，提高其生产性能提供科学依据。

一、理想的肉牛外貌特征

了解和熟识牛体各部位名称是进行外貌鉴别和体尺测量的基

础，牛体各部位名称如图4-1。

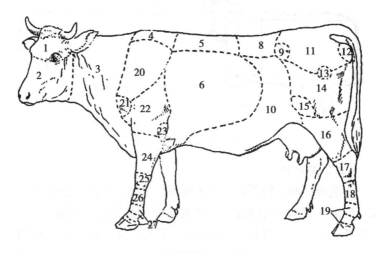

图4-1　牛体各部位名称

1. 颅部；2. 面部；3. 颈部；4. 鬐甲部；5. 背部；6. 肋部；7. 胸骨部；
8. 腰部；9. 髋结节；10. 腹部；11. 荐臀部；12. 坐骨结节；13. 髋关节；14.
股部；15. 膝部；16. 小腿部；17. 跗部；18. 跖部；19. 趾部；20. 肩胛部；
21. 肩关节；22. 臂部；23. 肘部；24. 前臂部；25. 腕部；26. 掌部；27. 指部

（一）整体特征

被毛细短，皮薄骨细，体躯宽深、低垂，全身肌肉丰满，皮下脂肪发达，疏松而匀称。整个体躯短、宽、深。由于前后躯均高度发达，中躯显得相对较短，使前、中、后躯趋于相等。从前望、俯望、后望、侧望均呈"矩形"（图4-2）。

（1）前望　由于胸宽而深，鬐甲平广，肋骨十分弯曲，构成前望矩形。

（2）侧望　由于颈短而宽，胸、尻深厚，前胸突出，股后平直，构成侧望矩形。

（3）上望　由于鬐甲宽厚，背腰和尻部广阔，构成上望矩形。

（4）后望　由于尻部乎宽，两腿深厚，同样也构成后望矩形。

图 4-2　肉牛理想外貌

（二）局部特征

头宽短，两眼间距大，眼大睛明。角细，耳轻。鼻孔宽，口角深，唇薄。颜面多肉清晰。下颚发达而不显笨拙。颈短、粗、圆。鬐甲低、平、宽。肩长、宽而倾斜。胸宽、深，胸骨突出于两前肢前方。垂肉高度发育。肋长，向两侧扩张而弯曲度大。肋骨的延伸趋于与地面垂直的方向，肋间肌肉充实。背腰宽、平、直。腰短肷小。腹部充实呈圆桶形。肋丰厚，与腹下线平行。尻宽、长、平，腰角不显，肌肉丰满。后躯侧方由腰角经坐骨结节至胫骨上部形成大块的"肉三角区"。尾细，帚毛长。四肢上部深厚、多肉，下部短而结实。肢间距离大，关节明显，肢势端正，蹄质良好。我国劳动人民总结肉牛的外貌特征为"五宽五厚"，即"额宽，颊厚，颈宽，垂厚，胸宽，肩厚，背宽，肋厚，尻宽，臀厚"，对肉用牛体型的外貌鉴定要点作了科学的概括。从局部来看，与产肉性能至关重要的有鬐甲、背腰、前胸和尻等部位，其中尤以尻部为最重要，是生产优质肉的主要部位。

二、外貌鉴别方法

（一）肉眼鉴别

肉眼鉴别法就是通过眼睛观察牛的外貌，并用手触摸牛各个部位，同理想型肉牛特征进行比较，来评估肉牛生长发育情况和生产性能高低的方法。有经验的鉴别员根据肉眼的观察和手的触摸，就能初步判断牛只品质的好坏和某些生产能力的高低。经验丰富的专业鉴别人员，通过肉眼观察及用手摸，根据牛体大小、体躯各部位发育的程度，就能判断出肉及脂肪的产量和品质，判断一头牛的产肉量与实际数值相比较，相差不过几千克，脂肪量相差也不过 1 千克左右。

进行肉眼鉴别时，应使被鉴别的牛自然地站在宽广而平坦的场地上，鉴别者站在距牛 5~8 米的地方，首先进行一般的观察，对整个牛体环视一周，以便有一个轮廓的认识，掌握牛体各部位发育是否匀称。然后站在牛的前面、侧面和后面分别进行观察。从前面可观察头部的结构、胸和背腰的宽度、肋骨的扩张程度和前肢的肢势等。从侧面观察胸部的深度，整个体型，肩及尻的倾斜度，颈、背、腰、尻等部的长度，乳房的发育情况以及各部位是否匀称。从后面观察体躯的容积和尻部发育情况。肉眼观察完毕，再用手触摸，了解其皮肤、皮下组织、肌肉、骨骼、毛、角和乳房等发育情况。最后让牛自由行走，观察四肢的动作、肢势和步样。

（二）测量鉴别

测量鉴别是借助测杖、卷尺、卡尺、地磅等工具设备，对牛的体长、体高、胸围等部位进行测量，将测得的数据与标准值进行比较，对牛只外貌情况做出评估。

1. 体尺测量

体尺测量是牛外貌鉴别的重要方法之一，其目的是为了弥补肉眼鉴别的不足，且能提高初学人员的鉴别能力。它是观察肉牛生长发育和体型的重要数据，也是选种的重要依据之一。体尺测量所用的仪器有测杖、卷尺、圆形测定器（与骨盆计相似）、测角（度）计。在测杖、卷尺、圆形测定器上都刻有 cm 刻度，测角计上则有度与分刻度。

测量体尺与称重可同期进行，一般在初生、6 月龄（断奶）、周岁、1.5 岁、2 岁、3 岁和成年时测定。测量体尺时必须使被测量的牛直立在平坦的地面上，四肢的位置必须垂直、端正，左、右两侧的前后肢均须在同一条直线上；在牛的侧面看时，前后肢站立的姿势也必须在一直线上。头应自然前伸，既不左右偏，也不高仰或下俯，头骨近端与鬐甲接近于水平。只有这样的姿势才能得到比较准确的体尺数值。

测量部位的数目，依测量目的而定。例如，估测牛的活重时，只测量体斜长（软尺）和胸围两个项目即可。为了观察及检查在生产条件下的生长情况，测量部位可由 5 个（鬐甲高、体斜长、坐骨端宽、腰角宽、管围）到 8 个（鬐甲高、尻高、体斜长、胸围、管围、胸宽、胸深、腰角宽）。而在研究牛的生长规律时，则测量部位可增加到 13~15 个，即除上述 8 个部位外，再加头长、最大额宽、背高、十字部高、尻长、髋关节和坐骨端宽 7 个部位。一些测量部位的测量方法见图 4-3 和图 4-4 所示。

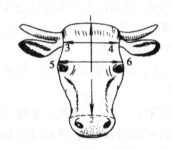

图 4-3 头部体尺测量方法

1~2：头长；3~4：额小宽；5~6：额大宽

2. 体尺指数

研究肉牛外貌时，为了进一步明确牛体各部位在发育上是否匀称、不同个体间在外貌结构上是否有差异，以及为了更明确地判断某些部位是否发育完全，在体尺测量后，常采用体尺指数计算的办法。所谓体尺指数，就是个体某一部位尺寸对另一部位体尺的百分比，这样可以显示出两个部位之间的相互关系。用指数鉴定外貌时，通常都是应用某两个部位来相互比较的，而这两个相互比较的部位应该是彼此间关系最密切，并且按其解剖构造和生理机能来说是具有一定关系的。例如，为了判断家畜体高与体长的比例，可使

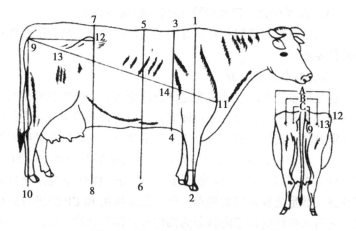

图 4-4 主要部位体尺测量方法

1~2：体高；3~4：胸围；5~6：前高；7~8：腰高；9~10：臀端高；
9~11：体斜长；9~12：臀长；14：胸宽；A：腰角宽；B：髋宽；C：坐骨
端宽

用体长指数，即体斜长与鬐甲高度之比，再乘以 100，为了确定家畜体量发育的情况，可使用胸围与体斜长的对比等。常用指数有以下几种。

（1）体长指数 体长指数=体斜长÷鬐甲高×100

一般乳用牛的体长指数较肉用牛小。胚胎期发育不全的家畜，由于高度上发育不全，此种指数也相当大，而在生长期发育不全的牛，则与此相反，其体长指数远较该品种所固有的平均值为低。

（2）体躯指数 体躯指数=胸围÷体斜长×100

该指数是表明家畜体量发育情况的一种指标。一般役牛和肉牛的体躯指数比乳牛大，原始品种的牛，指数最小。

（3）尻宽指数 尻宽指数=坐骨端宽÷腰角宽×100

尻宽指数越大，表示由腰角至坐骨结节间的尻部越宽。高度培育的品种，其尻宽指数较原始品种要大。如西门塔尔牛的尻宽指数最大，亦即这种牛的尻部较宽。中国黄牛尻宽指数较小，所以尻部狭窄，多有尖尻现象。

（4）管围指数　管围指数＝前管围÷鬐甲高×100

该指数可判断骨骼相对发育的情况。通常肉牛的管围指数比乳用品种要小。

（三）线性外貌评分

这是借鉴奶牛线性外貌鉴定评分的原理，以肉牛各部位两个生物学极端表现为高低分的外貌评定，并用统计遗传学原理进行计算的评定方法。实践证明，该方法在肉牛改良中是既可靠又明了的选种方法。对肉用种牛评定体型外貌的时间最好在公牛 10～24 月龄间、母牛 11 月龄到初产期进行第一次评分。线性外貌评分具有客观性强、数量化程度高的特点，评分结果可用 BLUP 法进行遗传评定。它将对牛体的评定内容分为四部分：体型结构、肌肉度、细致度和乳房。在肉牛中重视乳房的原因，是要求肉用牛有相当好的泌乳能力。各部分打分标准如下。

1. 体型结构

体型结构见表 4-1。

表 4-1　结构线性评分标准

分数	头部	背线	尻倾斜	前肢	后肢	系部
45	非常小	弓背非常严重	坐骨端非常高	严重外倾 X 形	非常直 155°	非常短
35	小	弓形背	水平	外倾	直 150°	短
25	适中	水平	坐骨端后倾	正确	正确 145°	平常
15	大	下塌	坐骨端很低	内倾	镰刀状 140°	长
5	非常大	非常下塌	骡臀状	严重内倾 O 形	严重镰刀状 135°	非常长

2. 肌肉度

肌肉度见表 4-2。

表4-2 肌肉度线性评分标准

分数	鬐甲	肩部	腰宽	腰厚	大腿肌	尻形状
45	非常宽	肌肉非常发达	非常宽	非常厚	非常发达	肌肉暴突呈圆形
35	宽	肌肉发达	宽	厚	发达	发达呈圆形
25	适中	一般	适中	一般	适中	一般
15	窄	瘦	窄	薄	不发达	瘦薄
5	非常窄	非常贫乏	非常窄	非常薄	非常不发达	瘠薄

3. 细致度和乳房

细致度和乳房见表4-3。

表4-3 细致度和乳房的线性评分标准

分数	骨骼（以胫骨、关节和尾为观察点）	皮肤（肩胛后二肋处）	乳房底部	乳头
45	非常细	非常薄，易拉，有弹性	非常长而宽	非常细大
35	细	薄，易拉，有弹性	长而宽	大
25	适中	一般	一般	适中
15	粗	厚，不易拉，无弹性	短而窄	小
5	非常粗	非常厚，不易拉，无弹性	非常短而窄	非常细小

外貌鉴定中，肉用型种公牛的外貌标准和母牛的外貌标准略有区别，需要注意（图4-5和图4-6）。

标准体型外貌评分因有新的体型要求，在评分时的分项上有了新的变化，见表4-4。

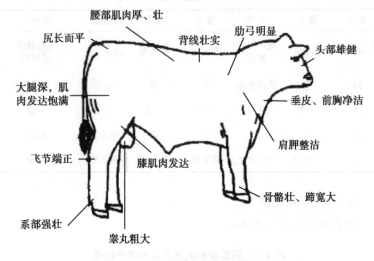

腰部肌肉厚、壮
尻长而平
背线壮实
肋弓明显
头部雄健
大腿深，肌肉发达饱满
垂皮、前胸净洁
肩胛整洁
飞节端正
膝肌肉发达
骨骼壮、蹄宽大
系部强壮
睾丸粗大

图 4-5　肉用型种公牛外貌标准

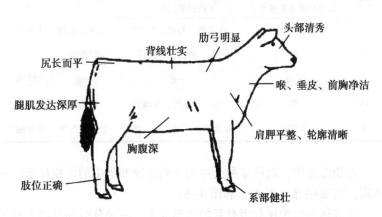

肋弓明显
头部清秀
背线壮实
尻长而平
喉、垂皮、前胸净洁
腿肌发达深厚
肩胛平整、轮廓清晰
胸腹深
肢位正确
系部健壮

图 4-6　肉用型种母牛外貌标准

表4-4 肉用种牛标准体型外貌评分标准

项目		性状	最高分
体型结构	总体结构 （30分）	体重和体格：体格大，骨架大，骨骼健壮伸展	15
		类型：身体匀称，肋深、广，体躯伸展平直，肌肉丰满	15
	后躯 （30分）	腰：多肉、厚、壮、深	10
		尻：场、平、尾根清晰，方正	9
		腿：长、深、厚、饱满	11
	前躯 （18分）	背：厚、肌肉发达、强壮	7
		肋：开张、深	5
		肩胛：平整、肌肉明显	4
		颈：长、清晰	1
		前胸：整洁	1
繁育品质 （22分）		头：公牛雄相明显，母牛雌相明显，品种特征明显，匀称	5
		四肢：四肢正位，腿姿正确，关节明显，系强壮	12
		活力：行动自如，无障碍表现	5

第二节 肉牛性能测定简介

肉牛性能测定是指对牛只具有特定经济价值的某一性状表型值进行评定的一种育种措施。可靠的性能测定及其数据收集是育种工作以及遗传评估技术的先决条件。在我国，肉牛育种群体规模小，饲养管理分散，育种基础薄弱，性能测定就显得尤为重要。性能测定制度的建立与实施，直接关系到在现有牛群基础上进行肉用牛育种的效果和成败，是我国肉牛改良的必要内容。

一、个体编号

牛只编号全部由数字或数字与拼音字母混合组成。通过牛号可直接得到牛只所属地区、出生场和出生年代等基本信息。牛只编号具有唯一性，并且使用年限长，保证100年内在全国范围内不会出现重号，以保证信息的准确性。编号方法建议采用18位标识系统建立编号，即2位品种+3位国家代码+1位性别+12位牛只编号。在生产中经常用到的是12位牛只编号。牛只编号由12个字符组成，分为4个部分。

（一）省区代码

这个编号占2个字符，全国各省（市、区）编号按照国家行政区划编码确定，由两位数码组成，第一位是国家行政区划的大区号，例如，北京市属"华北"，编码是"1"，第二位是大区内省市号，"北京市"是"1"。因此，北京编号是"11"。这一部分由全国统一确定。

（二）牛场编号

这个编号占4个字符，由数字或由数字和阿拉伯字母混合组成，可以使用的字符包括0、1、2、3、4、5、6、7、8、9、a、b、c、d、e、f、g、h、i、j、k、l、m、n、o、p、q、r、s、t、u、v、w、x、y、z。省内牛场编号可以使用的排列组合个数为（1679616）。该编号在全省（区、市）范围内不重复。例如牛场编号可以为0001，xyz1等。

（三）牛只出生年度

该部分占2个字符，仅登记年度的后两位数，例如2002年出生即为"02"。

（四）年内顺序编号

该部分为本场年内牛只出生的顺序号，4位数字，不足4位数以0补齐。可以满足单个牛场每年内出生9 999头牛的需要，这部分由牛场（合作社或小区）自己编订。需要注意的是，公牛编号尾号为奇数号，母牛编号尾号为偶数号。

二、经济性状

肉牛性能测定涉及的性状一般分为五类。

（一）生长发育性状

主要包括初生重、断奶重、周岁重、18月龄重、24月龄重、成年母牛体重、日增重、外貌评分，以及各年龄段的体尺性状。

（二）肥育性状

主要包括肥育开始、肥育结束时的体重、日增重、外貌评分、饲料转化率等。

（三）胴体性状

主要包括热胴体重、冷胴体重、胴体脂肪覆盖率、屠宰率、净肉率、背膘厚、眼肌面积、部位肉产量等。

（四）肉质性状

主要包括肉色、大理石花纹、嫩度、肌内脂肪含量、脂肪颜色、胴体登记、pH值、系水力、风味等指标。

（五）繁殖性状

母牛的繁殖性状主要有产犊间隔、初产年龄、难产度等。公牛的主要有精液产量、睾丸围以及各项精液品质指标等。

三、测定方法

详细的测定方法请参照2015年1月1日正式实施的《肉牛生产性能测定技术规范》（NYT 2660—2014），本书不再详述。

第三节　选种选配

在养肉牛业中，按照不同的经济用途及生产性能表现，从它自身、祖先、后代诸方面把优秀的公、母牛挑选出来留种繁殖，以提高肉牛群产量与质量的工作过程叫做选种，也叫牛的选择；为选出的母牛配以适当的优良公牛（一般来说要防止近交、亲交），组成最佳公母牛组合，以生产高质量后代的过程叫做牛的选配。选种、选配是牛育种工作中的基本环节之一。

一、选种

选种也称选择。肉牛的选择包括自然选择和人工选择两种方式。自然选择是指随着自然环境的变迁，适者生存，不适者淘汰的一种选择方式；人工选择是指根据人们的各种需要，对肉牛进行有目的选择的一种方式。肉牛选择的途径主要包括系谱、本身、后裔和旁系选择4项。种公牛的选择，首先要审查系谱（包括父母和祖父母），其次要审查该公牛的具体外貌表现及发育情况，最重要的是根据该种公牛的后裔测定成绩，来判定其遗传性的好坏。种母牛的选择则主要根据其本身的生产性能或与生产性能相关的一些性状，此外还要参考其系谱、后裔及旁系的表现情况。

（一）系谱选择

系谱记录是保障育种工作的重要内容，完整的系谱档案记录是选种选配工作的基础。我国的肉牛群体较大，饲养较为分散，牛的市场流动性较大，系谱记录档案不全或丢失，品种选育与育种工作相对滞后。仅有少数国家级核心育种场建立了较为完整的系谱记录档案，随着计算机技术的普及，系谱记录在育种管理中将更加的便捷与普及，现阶段，肉牛规模养殖繁育场已逐步建立健全系谱记录管理制度。系谱选择常用于对小牛的选择，用时要考察其父母、祖父母及外祖父母的性能成绩，能提高选种的准确性。审查系谱时，肉牛的双亲及其祖代的审查，重点在各阶段的体重与增重、饲料报酬及与肉用性能有关的外貌表现，同时查清是否携带致死、半致死等其他不良基因。

系谱选择应注意以下事项。

① 祖先中父母亲品质的遗传对后代影响最大，其次为祖父母，血缘关系越远影响越小。重点考虑其父母亲的品质。

② 系谱中母亲生产力大大超过全群平均数，父亲又是经过后裔测定证明是优良的，这样选留的种牛可成为良种牛。

③ 不可只重视父母亲的成绩而忽视其他祖先的影响，后代有些个别性状受隔代遗传影响，受祖父母远亲的影响。

④ 应注意遗传的稳定性，如果各代祖先的性状比较整齐，且有直线上升趋势，这个系谱是较好的，选留该牛比较可靠。

⑤ 以生产性能、外形为主做全面比较，同时注意有无近交和杂交，有无遗传缺陷等。

（二）本身选择

本身选择又称性能测定，就是根据种牛本身一种或若干种性状的表型值判断其种用价值，从而确定个体是否选留。实施准确、规范、系统的个体生产性能测定，获得完整、可靠的生产性能记录，以及与生产效率有关的繁殖、疾病、管理、环境等各项记录，作为品种选育与改良的依据，性能测定是肉牛育种技术体系最基本的元素，当前中国多数肉牛繁育场的记录不完善，性能测定站在国内尚未建立但已列入全国肉牛遗传改良计划，"十二五"期间国家肉牛牦牛产业技术体系依托岗位专家和相关综合试验站，开展了中国西门塔尔牛、秦川牛、延边黄牛、鲁西黄牛、新疆褐牛、牦牛及地方黄牛的生产性能测定工作，为国家级和省级生产性能测定站的建立奠基了前期工作基础。

近年来，随着超声波测定技术发展，牛活体背膘厚、眼肌面积 B 型超声波测定法作为测定新技术运用于中国西门塔尔牛、新疆褐牛、秦川牛、鲁西黄牛、BMY 牛、延黄牛、夏南牛等良种牛选育，同时农业部办公厅印发《全国肉牛遗传改良计划（2011—2025年）》中明确要求国家肉牛核心育种场需采用超声波技术测量背膘厚和眼肌面积，丰富和完善肉牛品种登记信息档案。

（三）后裔测定

后裔测定是根据种公牛后裔表现情况来评定种公牛好坏的鉴定方法，这是多种选择途径中最为可靠、精确的选择途径，因为我们选择的目的就是要产生优良的后代。我国目前运用较普遍的种公牛后裔测定是同期同龄比较法，根据被测公牛后代与对照公牛同期同龄后代的初生重、断奶重和 18 月龄体重相比较，计算同期比较值。

具体方法是将选出的种公牛与一定数量的母牛配种，对所产犊牛成绩加以测定，根据后裔成绩对所选公牛进行评定。为尽早得到可进行后裔测定的后代，公牛可提早到 14 月龄，并随机取样配一定母牛进行后裔测定。当生产后代时，在相同的饲养管理条件下测定后裔的初生重、断奶后日增重和饲料的利用率。断奶后日增重和饲料利用率的测定至少应饲养 140 天。在 1 岁时作最后评定，如条件许可，也可饲养到 1.5 岁，饲养结束时评定胴体性能。被测定青年公牛，至少随机配母牛 200~250 头，配种季节应集中在 45 天以内。待母牛产犊后，从每头公牛的后代中随机取样至少 10 头阉牛，进行断奶后日增重、饲料利用率和胴体性能的测定。

后裔测定的缺点是需要时间较长，往往等到后裔成绩出来时，被测种牛年龄已大，丧失了不少可利用的机会。为改进这一缺陷，缩短测定时间，可对被测公牛在后裔测定成绩出来之前，先采精同时用液氮储存起来待用，待后裔成绩出来后，再决定待用冷冻精液的使用与作废否。用后裔测定的方法也可用于对母牛的种用价值的评定。

2012 年农业部《〈全国肉牛遗传改良计划（2011—2025 年）〉实施方案》中要求，每个育种场应保证至少 30% 的育种群母牛参加后裔测定。计划采用场内测定、测定站相结合的方式组织适度规模的青年公牛后裔测定，有计划地在核心育种场间开展遗传交流与集中遗传评估，提高种牛遗传水平，促进和推动牛群遗传改良。

后裔测定应注意的问题如下。

① 当同时进行几头种牛的后裔测定时，各个被测种公牛和与配母牛在数量上和品质方面，特别在重要性状方面要尽量相同或相似。

② 配种时间要求各被测公牛尽量一致。

③ 对与配母牛及犊牛的营养水平、饲养管理应尽量相同。

④ 评定时，对所有后裔要全部统计，不可任意取舍。

⑤ 每头公牛被测时的女儿数，不应少于 20 头。

⑥ 对后裔的适应性、外形特点、是否有遗传缺陷等也要详细记录和分析。

（四）旁系选择（同胞或半同胞牛选择）

旁系是指所选择个体的兄弟、姐妹、堂表兄妹等。利用旁系信息，从侧面证明一些由个体本身无法查知的性能（如公牛的泌乳力、配种能力等）。此法与后裔测定相比较，可以节省时间。肉用种公牛的肉用性状，主要根据半同胞材料进行评定。应用半同胞材料估计后备公牛育种值的优点是可对后备公牛进行早期鉴定。

二、选配

以优配优是在选择最佳公牛、母牛以后进行扩繁的基本原则，目的就是提高后代优秀基因（组合）的纯合程度（或比例）。

（一）亲缘关系选配

根据公母牛、母牛亲缘关系的远近来安排交配组合，以期巩固优良性状，提高肉牛群品质，这种选配方式叫作亲缘选配。两头牛是否有亲缘关系，是指在一定祖代内（一般说法为向上追溯至 7 代以内）该两头牛是否有共同祖先，以及共同祖先的头数多少及共同祖先离该两头牛世代间隔的远近。当然共同祖先个数越多，且距该两头牛越近时，则亲缘关系越近，反之则亲缘关系越远。亲缘选配又包括如下类型。

（1）嫡亲交配　指肉牛群中母子间、父女间、同胞兄妹或姐弟间的组合及肉牛群中的半同胞兄妹或姐弟间、祖孙之间的组合。

（2）近亲交配　肉牛群中的姑侄间、叔侄间、堂兄妹、姐弟间的组合。

组合配对时双方血缘再远的叫做中亲或远亲交配。在现代肉牛育种中，近交已很少使用。

（二）类型选配

类型选配是指按照公母牛在体型、外貌上的表现或生产性能上的特点来组织交配组合，这种选配方式也叫品质选配、表型选配。它包括同质选配和异质选配。

1. 同质选配

这是在体型、外貌、生产性能上具有类似特征性的公牛间组织交配组合。同质选配是为了强化某个优秀性状。多使用于杂交育种后期阶段，为了稳定肉牛生产性能，增加肉牛群整齐度时采用。另外在原有品种肉牛群体中为建立某种品系，以巩固、发展某一或某些优良性状，也实行公母牛间的同质选配。

2. 异质选配

它是选择父母在体型、外貌、体格大小、生产性能等方面或某几方面表现不相同、不类似的个体间组成交配组合。异质选配是为了组合几个优秀性状。多在下述情况下采用：一是结合公、母牛双方不同的优质性状，如选择生长速度快的公牛与胴体品质好的母牛进行交配，期待得到生长快且胴体质量好的后代。二是用各方面表现优良的公牛来提高、改进本品种内其他群或个体的某些缺点或不足而应用异质选配。

同质选种和异质选配是生产常用的选配方式，二者间互相联系，互相补充，各有特点；两者间虽有区别，但并不是可以截然分开的；两者的应用均重在经济性能表现和一些数量性状如体尺、体重等方面。实践表明，对这两种选配方法应用得当，均可产生满意的效果。

第四节　杂交利用

杂交利用是指品种间个体或属间个体互相进行杂交，并加以适当利用的方法。实际生产中，中国黄牛具有耐粗饲、抗逆性强、肉质细嫩的特点，而国外引进的品种生长速度快、产肉量大、优质切块率高，力争将这两者的优点进行适当的结合从而形成杂交优势，改进我国黄牛生长慢、产肉率低的缺陷。

一、引进品种改良中国黄牛现状

我国的肉牛产业基于役肉兼用的黄牛，相对来说起点比较低并且起步偏晚，缺少明确的地方黄牛品种选育主攻方向而且不是连续不断地进行；存在盲目选用杂交改良主导父本的情况，选择的品种多、乱、杂的情况比较严重。因此即使是经过了 30 余年的品种选育和改良,我国肉牛生产的主体依然是地方黄牛,其肉用性能欠佳。在此期间,先后引进国外肉牛种质近 20 个,但真正发挥作用的品种主要有 13 个。其中利用最广的主要有西门塔尔牛、夏洛莱牛、利木赞牛、安格斯牛、短角牛、皮埃蒙特牛、黑毛和牛等。以下对几个主要品种进行简述。

（一）西门塔尔牛的引进杂交

西门塔尔牛原产于瑞士,是肉、乳、役兼用的大型品种,其特点是肉、乳性能好,生长速度快,适应性强。西门塔尔牛在引进我国后,对我国各地的黄牛改良效果都非常明显,杂交一代的生产性能一般都能提高 30% 以上,尤其能够显著提高泌乳性能,因此西门塔尔牛多用来杂交培育乳肉兼用牛品种。分别于 2001 年、2012 年通过国家畜禽遗传资源委员会审定的"中国西门塔尔牛"和"蜀宣花牛"就是通过引进欧洲的西门塔尔牛,经过与中国本地黄牛级进杂交选育而成。1986 年通过验收命名的"三河牛"是由多品种杂交选育而成,其中西门塔尔牛对其影响最大。

（二）夏洛莱牛的引进杂交

夏洛莱牛原产于法国,是著名的大型肉牛品种,其特点是生长快、肉量多、体型大、耐粗放。夏洛莱牛引进我国后,在杂交改良我国地方黄牛方面取得了明显效果。2007 年通过审定的"夏南牛",就是以法国夏洛莱牛为父本,以南阳牛为母本,经杂交选育而成,夏南牛含 37.5% 的夏洛莱牛血统和 62.5% 的南阳牛血统,其特点是体格高大健壮、抗逆性强、耐粗饲、耐寒冷,但耐热性能稍差。2009 年通过审定的"辽育白牛",就是以夏洛莱牛为父本,以辽宁本地黄牛为母本级进杂交后选育而成,含 93.75% 夏洛莱牛血统和 6.25% 的本地黄牛血统,辽育白牛早熟性和繁殖力良好,抗逆性强,尤其抗寒能力突出。

利木赞牛原产于法国中部的利木赞高原,并因此得名。利木赞牛体躯较长,后躯肌肉丰满,四肢粗短。其产肉性能高,胴体质量好,眼肌面积大,出肉率高,属于专门化的大型肉牛品种。自

1974 年以来，我国数次从法国引入利木赞牛，在河南、山东、山西、辽宁、内蒙古等地改良当地黄牛，利杂牛体型改善，肉用特征突出，生长速度加快，杂种优势明显。2008 年通过审定的"延黄牛"就是以利木赞牛为父本，以延边黄牛为母体，经过杂交形成的含 75%延边黄牛血统和 25%利木赞牛血统的稳定群体。

（三）安格斯牛的引进杂交

安格斯牛原产于苏格兰东北部，无角，一般有黑、红两种毛色，以黑色居多。安格斯牛属小型肉牛品种，具有易产，生长快，早熟和肉质好的特点。20 世纪 80 年代我国开始引进安格斯种牛，目前在陕西、新疆等地都有成规模群体，其中近两年陕西先后从澳大利亚引进 6 000 余头，新疆引进 3 000 余头；内蒙古、云南、贵州、湖北等地也有安格斯改良试验的研究。安格斯牛不仅能够克服地方品种生长发育慢、产肉性能差的问题，而且还可以显著改善肉品质，具有非常好的商品价值。

（四）短角牛的引进杂交

短角牛原产于英国，是乳肉兼用型牛品种，其特点是产奶量高，乳脂率高，乳蛋白率高，且体重较大，体质强健，早熟易肥。我国自 1920 年前后到新中国成立后，曾多次引入短角牛，主要在东北、陕西、内蒙古等地改良当地黄牛，杂交后代普遍毛色紫红、体型改善、体格加大、产乳量提高，杂种优势明显。1985 年通过审定的乳肉兼用型新品种"草原红牛"，就是用短角牛与吉林、河北和内蒙古等地黄牛杂交选育而成，其乳肉性能都取得了全面提高，耐寒抗热性能突出，抗病力强，发病率低，表现出了很好的杂交改良效果。20 世纪 80 年代，陕西曾引入短角牛对部分地方的秦川牛进行过导血改良，效果也不错。

（五）皮埃蒙特牛的引进杂交

皮埃蒙特牛因产于意大利皮埃蒙特地区而得名，是专门化的肉牛品种，其特点是后身躯肌肉特别丰满，屠宰性能好，肉质优良，生长快，难产率低。1986 年我国开始引进皮埃蒙特牛，河南、河北、山东、陕西、黑龙江等地用皮埃蒙特牛改良本地牛。河南省南阳市新野县利用皮尔蒙特牛杂交改良当地南阳牛，取得了一定成效，而且采用级进杂交，其 F3 与皮埃蒙特牛纯种十分接近，改良效果显著。

（六）黑毛和牛的引进杂交

黑毛和牛原产于日本，其特点是肉质好，能生产大理石花纹明显的"雪花肉"。近年来，我国安徽、东北地区、内蒙古、陕西、新疆等地先后引进黑毛和牛对当地黄牛进行杂交改良，并取得了较好效果。黑毛和牛主要被用作杂交终端父本来提高杂交牛的脂肪沉积效果，如大连雪龙集团推出的"雪龙黑牛"和陕西秦宝牧业股份有限公司推出的"秦宝牛"，都是利用黑毛和牛作为终端父本，分别对当地的"利复F1"、"安秦F1"母牛进行杂交形成的三元杂交后代，均继承了黑毛和牛脂肪沉积好、大理石花纹明显等优点，在国内高档牛肉市场具有较高的影响力。实际上，除极少数大型龙头企业外，国内许多地方饲养的黑毛和牛及其杂交改良牛养殖肥育效果不尽如人意，主要原因在于养殖水平达不到该品种的要求。

二、杂交改良过程中应注意的问题

在肉牛的遗传改良工作过程中，应该尽量兼顾选育和杂交，争取形成合理正确的"杂交优势"群体，避免"杂交污染"地方黄牛资源。当前，我国肉牛遗传改良工作基本遵循的是：选育原种、扩繁良种、推广杂交种、培育新品种。在挖掘我国地方黄牛资源、建设具有中国特色肉牛产业的过程中，应按照"点上保种选育提高、面上杂交改良开发"的原则来开展工作。"点上保种选育提高"是指既要充分发挥中国黄牛品种资源优势，在本品种内加强肉用选育，不断提高其肉用性能，又要对引进的用作父本的国外肉牛品种加强选育，不断提高其肉用性能和种用价值。"面上杂交改良开发"就是要引进国外品种与中国黄牛进行杂交，充分发挥杂种优势，促进肉牛商品化生产，使中国黄牛生长慢、产肉率低的缺陷得以明显改进。引进国外肉牛品种改良中国黄牛，关键要根据国内实际和市场需求，明确肉牛改良的方向和目标，制订切实可行的工作计划，积极寻求"杂交优势"，避免"杂交污染"。在我国肉牛改良中，引进品种一般作为父本或者三元杂交的终端父本来使用。

除良种扩繁外，通过引进品种纯种繁育来大规模开展商品化的肉牛生产是很不经济的做法，而且也不切合实际。肉牛改良是一项长期、复杂的系统工程。目前，我国肉牛杂交改良所利用的父本大多数是从国外引进的专门化肉用品种，限于技术水平和群体规模，加之事先缺乏对杂交亲本之间开展配合力测定，许多地方的黄牛改良效果并不十分理想。所以，在开展肉牛遗传改良过程中，一定要注意以下几个问题。

（一）明确改良计划和主攻目标

从我国的现状分析，肉牛改良应该属于系统工程，并且具有长期性和复杂性。如今我国肉牛杂交改良大多是从国外引进专门化肉用品种的父本，但是黄牛改良的效果不太理想，因为要受到水平和规模的限制，而且杂交之前没有对杂交亲本之间开展配合力的测定工作。不同的地区要因地制宜，根据市场的需求按照适当超前的原则，制订适合本地的科学合理的肉牛改良计划和主攻目标，将所需要的技术规程和生产标准进行整体的统一。如果制订的选育目标不够明确，会导致主导父本在杂交改良工作中具有很大的盲目性，导致引进的品种多且杂乱的情况很多。制订计划时必须进行科学的论证，参考亲本所具有的品种特性以及当前市场的需求情况，基于小试、中试的基础上制订出科学合理的改良方案，争取得到杂交优势，降低不良基因表型的比例；选择的品种要满足肉用生产性能和体型外貌等指标，此外，还要根据当地饲养者的习惯选择牛的毛色，尽量将本地品种抗逆、耐粗饲等特性保持延续下来。

（二）保护利用好本地牛种资源

在我国随着近几年的养牛产业规模不断地扩大，越来越多的地区在全面的开展黄牛肉用杂交的改良工作，可是都不太理想，多呈现出无序的状态。一方面，没有给予本地牛种资源足够的保护措施，一味的推陈出新并且不断地引进新品种，相关的工作具有很大的盲目性；另一方面，针对目标性状的定向选育落实的不到位，形成杂交优势之后却很难固定下来，反而对地方品种资源的持续发展构成了很大的威胁，导致了很多优良基因缺失的情况出现。所以组织开展此项工作的过程中要始终以"点上保种选育提高、面上杂交改良开发"为原则，将本品种选育与杂交改良的关系给予正确合理的处理方式；提高本地品种选育的同时考虑实际需要，尊重科学的论证开展慎重的开展引种工作。杂交改良工作的开展主要是基于杂交父本的正确选择，会对改良工作的成败造成影响。选择的时候不能够单单追求"新、奇、特"，但是也不可以随便引种，不考虑其他因素。每个品种都有其他品种所不具备的特点。在技术方面分析，引种之前要将该品种产地自然条件与本地自然条件的相符程度进行考量，以及与本地牛体型的匹配程度，还包括肉用性能和个体表现与要求的符合程度。

（三）做好选种选配和配合力测定工作

选种、选配和配合力的测定在大规模开展肉牛杂交改良之前是非常有必要进行的。如果选择的目的是肉牛育种，则应该选最优秀的个体作为双亲；如果目的是经济杂交和商品化肉牛生产，那么注重父本选准、选好即可。除此之外，开展肉牛育种应同质选配，而大规模黄牛杂交改良的第一次杂交一般异质选配，但是第二次杂交时尽量进行同质选配。

（四）对引进品种及其杂交后代加强选育

随着杂交育种工作的进行，杂交代数越来越多，所以该工作对父本和母本的要求也逐渐提高。很久以来，我国在肉牛良种引进方面偏重引种轻选育，没有对种牛进行缺乏性能的测定工作，肉牛改良方面偏重杂交轻选育，杂交后代优秀母牛的选留工作不到位，达不到定向培育的要求，对于黄牛杂交改良的工作进程造成不良的影响。目前的具体工作要求分析可知：正本清源是主要的工作目标，强化良种繁育体系的建设任务。国外引入肉牛的品种逐一进行筛选梳理，坚决淘汰不符合种用要求的品种或个体。如果保种选育工作落实不到位，就很容易导致原种遗传资源消亡，影响以后的选种杂交工作正常进行。对于肉用种公牛和后裔要全面的开展性能测定工作，提高良种供种能力；此外还要选留杂交后代的优秀母牛，良种与良法相互配套实施，培育优秀基础母牛提供给后续杂交改良工作，坚持将优秀的遗传基因遗传下去，增强肉牛产业的发展，促进肉牛遗传改良的工作进程，加强现代肉牛产业的发展。

第五章　肉牛繁殖技术

在肉牛业生产中，母牛的繁殖占有重要地位。繁殖是增加牛群数量、逐步提高牛肉质量的关键技术环节。熟练掌握肉牛的繁殖技术，认真做好发情识别、适时配种，加强怀孕母牛、分娩前后母牛的组织管理工作，是肉牛生产的重要环节。

第一节　发情与鉴定

一、发情

发情是指母牛卵巢上出现卵泡的发育，能够排出正常的成熟卵子，同时在母牛外生殖器官和行为特征上呈现一系列变化的生理和行为学过程。它主要受卵巢活动规律所制约，即在生殖激素的调节下，卵巢上有卵泡发育和排卵等变化，生殖道有充血、肿胀和排出黏液等变化，外部行为表现为兴奋不安、食欲减退和出现求偶活动等变化。

（一）初情期

肉牛出现第一次发情表现称为初情，此时的月龄称为初情期。

1. 母牛

初情期是指母牛初次出现发情或排卵的年龄。一般为6~12月龄。初次发情时间与品种和体重有关。当育成牛体重达到成年体重的40%~50%时即进入初情期。营养均衡、生长发育快的育成牛初情期早，6~8月龄即可初次发情；营养不良的育成牛，初情期可延迟至18月龄。在初情期，母畜虽然开始出现发情征状，但发情是不完全、不规则的，不具备生育能力。

2. 公牛

公牛的初情期比较难以判断，一般来说是指公牛能够第一次释放精子的时期。在这个时期，公牛常表现出嗅闻母畜外阴、爬跨其他牛、阴茎勃起、出现交配动作等多种多样的性行为，但精子还不成熟，不具有配种能力。无论是初情期还是性成熟期，公牛一般都稍晚于母牛。

（二）性成熟

性成熟是指初情期之后，母牛的生殖器官和第二性征发育达到完善的程度，能产生成熟的卵子和雌激素，公牛睾丸能产生成熟的精子，具备了正常繁殖后代的能力。母牛性成熟后，由于此时身体的正常发育尚未完成（即未体成熟），故一般不宜配种，否则将影响到母牛今后的生产性能。

性成熟期的早晚，因品种不同而有差异。培育品种的性成熟比原始品种早，公牛一般为9月龄，母牛一般为8~14月龄。秦川牛母犊牛性成熟年龄平均为9.3月龄，而公犊则在12月龄左右。性成熟并不是突然出现的，而是一个延续若干时间的逐渐发展过程。性成熟受牛的种类、年龄、性别、营养、管理水平等遗传的影响，同时还受多种环境因素的影响。营养水平对牛性成熟期的早晚影响很大。幼牛生长时期，如果营养水平过低而达不到生长发育的需要，那么它的性成熟就会延迟。放牧条件下的牛生长发育受草场牧草多少的影响，同时还受气候、季节等的综合影响。气候温暖，牧草丰盛，性成熟期就早。

（三）体成熟及适配年龄

体成熟就是指牛的机体、系统发育至适合繁殖的阶段。对青年母牛来说，体成熟可以进行配种并负担妊娠和哺育犊牛了。体成熟时间受很多因素影响，秦川牛的体成熟一般为18月龄左右。此时就可以对母牛进行初配。

性成熟期配种虽能受胎，但身体尚未完全发育成熟，即未达到体成熟，势必影响母牛及胎儿的生长发育，所以在生产中一般选择在性成熟后一定时期才开始配种，把适宜配种的年龄叫适配年龄。

适配年龄的确定还应根据具体生长发育情况和使用目的实行综合判定，一般比性成熟晚一些，在开始配种时的体重应达到其成年体重的70%左右，体高达90%，胸围达到80%。由于公、母牛在2～3岁一般生长基本完成，可以开始配种。一般牛的初配年龄为：早熟品种16～18月龄，中熟品种18～22月龄，晚熟品种22～27月龄；肉用品种适配年龄在16～18月龄，公牛的适配年龄为2.0～2.5岁。

（四）发情周期

随着卵巢的每次排卵和黄体形成与退化，母牛整个机体，特别是生殖器官发生一系列变化。从这一次发情开始到下一次发情开始的间隔时间，叫做发情周期。母牛的发情周期平均为21天，其变化范围为18～24天，一般青年母牛比经产母牛要短。发情周期中生殖道的变化、性欲的变化都与卵巢的变化有直接的关系。母牛发情后，在行为和生理状况呈现一系列变化，表现为哞叫、兴奋不安、食欲减退、排尿频繁。自由运动时，常追赶、爬跨其他母牛，同时也接受别的牛爬跨。阴门潮红，并且向外流出黏液。母牛的发情除受生理因素影响外，还受外界环境因素（特别是营养状况、光照等）的影响。以放牧饲养为主的肉牛，由于营养状况存在着较大的季节性差异，特别在北方，大多数母牛只在牧草繁茂、光照较长的时期（一般在6～9月），当膘情恢复后集中出现发情。舍饲为主的母牛，可常年出现发情现象，受季节的影响较小。

根据牛的精神状态、性反应、卵巢和阴道上皮细胞的变化，发情周期通常可分为四个时期。

1. 发情前期

发情前期是发情期的准备阶段。母牛卵巢中的黄体开始萎缩，新的卵泡开始发育，雌激素分泌增加，生殖器官黏膜上皮细胞增生，纤毛数量增加，生殖腺体活动加强，分泌物增加，但还看不到阴道中有黏液排出，母牛尚无性欲表现。该期约持续1～3天。

2. 发情期

发情期是指母牛从发情开始到发情结束的时期，又称为发情持续期。发情持续期因年龄、营养状况和季节变化等不同而有长短，一般为 18 小时，其范围为 6～36 小时。根据发情母牛外部征候和性欲表现的不同，又可分为三个时期。

（1）发情初期　这时卵泡迅速发育，体积逐渐增大，雌激素分泌量明显增多，孕激素分泌逐渐减少，子宫充血，子宫颈口开张。母牛表现兴奋不安，经常哞叫，食欲减退，产奶量下降。在运动场上或放牧时，常引起同群母牛尾随，当有其他牛爬跨时，拒不接受，扬头而走，观察时可见外阴部肿胀，阴道壁黏膜潮红，黏液量分泌不多，稀薄，牵缕性差。

（2）发情盛期　当其他牛爬跨时，母牛表现接受爬跨而站立不动，两后肢开张，举尾拱背，频频排尿。拴系母牛表现两耳竖立，不时转动倾听，眼光锐敏，人手触摸尾根时无抗力表现。从阴门流出具有牵缕性的黏液，俗称"吊线"，往往黏于尾根或臀端周围被毛处。阴道检查时可发现黏液量增多，稀薄透明，子宫颈口红润开张。此时卵泡突出于卵巢表面，直径约 1 厘米，直肠检查触摸卵泡波动性差。

（3）发情末期　母牛性欲逐渐减退，不接受其他牛爬跨。阴道黏液量减少，黏液呈半透明状，混杂一些乳白色，黏性稍差。直肠检查卵泡增大到 1 厘米以上，直肠检查触摸卵泡波动感明显。

3. 发情后期

发情征状逐渐消失的时期。精神逐渐由兴奋转入抑制状态，卵巢上的卵泡破裂、排卵，并开始形成新的黄体，孕激素分泌逐渐增加。子宫肌肉收缩和腺体分泌活动均减弱，黏液分泌量减少而变黏稠，黏膜充血现象逐渐消退，子宫颈口逐渐收缩、关闭，阴道表层细胞脱落，释放白细胞至黏液中，外阴肿胀逐渐减轻并消失，从阴道中流出的黏液逐渐减少并干涸。该期持续时间为 3～4 天。母牛的排卵时间是在发情结束后 10～12 小时。右侧卵巢排卵数比左侧多；夜间，尤其是黎明前排卵数较白天多。发情后期，多数育成母牛和部分成年母牛从阴道流出少量的血，出现这种现象，说明母牛在 2～4 天前发情。只要流出的血量少，颜色正常，无异味，一般不会影响牛的配种繁殖。

4. 休情期

休情期又叫间情期。精神状态处于正常的生理上相对静止时期。该期黄体逐渐发育转为退化，而使黄体酮分泌量逐渐增加又转为缓慢下降。休情期的长短，常常决定了发情周期的长短。该期约持续 12~15 天。

（五）发情持续期

母牛的发情常持续一段时间。牛的发情持续期指从发情征状出现，到征状的消失所持续的时间。肉牛的发情持续期一般为 20 小时左右。牛的品种、年龄、营养状况、环境温度的变化等都可以影响牛的发情持续时间的长短，有的长达 30 小时，有的牛则仅有 8 小时。一般处于初情期的牛和老年牛发情持续期较壮年牛为短。

（六）母牛的排卵时间

确定牛的排卵时间，做到适时配种非常重要。牛的排卵时间通常发生在发情结束后 10~12 小时。排卵时间还与营养状况和个体差异有关。营养情况良好的牛大多数集中在发情开始后 21~35 小时之间排卵。

（七）异常发情

1. 断续发情

母牛发情时断时续，整个过程延续很长，这是卵泡交替发育所致，先发育的卵泡中途发生退化，新的卵泡又再发育，因此产生了断续发情的现象。当牛转入正常发情时，配种也可能受胎。

2. 短促发情

短促发情是由于发育卵泡很快成熟、破裂、排卵，或卵泡停止发育，或发育受阻，致使母牛发情期非常短的现象。应注意观察，不要错过配种时机。

3. 无排卵发情

卵泡发育不完全而不排卵。此外，初情后垂体分泌的促黄体素量不足，也易引起无排卵发情。

4. 持续发情

母牛经常有外部发情表现，原因是卵泡囊肿所致，可用绒毛膜促性激素或促黄体素治疗。

5. 隐性发情

母牛发情时外部征状不明显，但卵巢上有卵泡发育和排卵，在产后母牛和育成母牛中较多，这是由于生殖激素（雌激素）分泌不足所致，这种发情只有通过直肠检查才能发现，适时输精也可受胎。

6. 假发情

有的母牛妊娠3~5个月出现发情征状，特别是接受爬跨，但直肠检查时，子宫颈口收缩或半收缩，直肠检查已妊娠。对假发情母牛要认真检查，防止盲目配种，造成流产。

7. 不发情

母牛不发情也不排卵．原因是营养不良，卵巢或子宫疾病所致。这种情况除加强营养、治疗疾病外，可注射促性腺激素以恢复卵巢功能。

二、发情鉴定

发情鉴定是母牛繁殖工作中的重要技术环节。通过发情鉴定，可以发现母牛的发情活动是否正常，判断处于发情周期的哪个阶段及排卵时间，进而准确地确定配种时间，适时输精，提高受胎率。鉴定母牛发情的方法有外部观察、阴道检查和直肠检查等。

（一）外部观察法

外部观察法是鉴定母牛发情的主要方法。主要在运动场或牛舍内察看，至少早晚各一次。通过观察母牛的爬跨情况，结合外阴部的肿胀程度及黏液的状态进行判定。不同发情时期的外部表现参见前面所述。

（二）直肠检查法

直肠检查法，即操作者将手伸入母牛直肠内，隔着直肠壁检查生殖器官的变化、卵巢上卵泡发育情况，来判断母牛发情与否的一种方法。母牛发情时，可以摸到子宫颈变软、增粗，由于子宫黏膜水肿，子宫角体积增大，收缩反应明显，质地变软，卵巢上有发育的卵泡并有波动感。

牛卵泡发育各期特点：母牛在间情期，一侧卵巢较大，能触到一个枕状的黄体突出于卵巢的一端。当母牛进入发情期以后，则能触到有一黄豆大的卵泡存在，这个卵泡由小到大，由硬到软，由无波动到有波动。由于卵泡发育，卵巢体积变大，直肠检查时容易摸到。牛的卵泡发育可分为四期，各期特点是：

第一期（卵泡出现期）：卵巢稍增大，卵泡直径 0.5～0.75 厘米，触诊时感觉卵巢上有一隆起的软化点，但波动不明显，子宫颈柔软。这段时期持续约 10 小时，多数母牛已开始表现发情征状。

第二期（卵泡发育期）：卵泡增大，直径达到 1～1.5 厘米，光滑而有波动感，突出于卵巢表面，子宫颈稍变硬。此期持续约 10～12 小时。

第三期（卵泡成熟期）：卵泡不再增大，泡壁光滑、薄，有一触即破的感觉，类似成熟的葡萄，波动感明显，子宫颈变硬。此期持续时间 6～8 小时。

第四期（排卵期）：卵泡破裂，在卵巢上留下一个明显的凹陷区或扁平区。子宫颈如人的喉头状。排卵多发生在性欲消失后 10～15 小时。夜间排卵较白天多，右边卵巢排卵较左边多。排卵后 6～8 小时可摸到肉样感觉的黄体，直径 0.5～0.8 厘米。

直肠检查的具体操作方法：检查者首先应将指甲剪短磨光，手臂套上橡胶长臂手套或一次性塑料长臂手套。然后用手抚摸肛门，将手指并拢成锥形，以缓慢旋转动作伸入肛门，掏出蓄粪。再将手伸入肛门，手掌展平，掌心向下，按压抚摸，在骨盆底部可摸到一前后长而圆且质地较硬的棒状物，即为子宫颈。沿子宫颈向前触摸，在正前方摸到一浅沟即为角间沟，沟的两旁为向前向下弯曲的两侧子宫角。沿着子宫角大弯向下转向外侧可摸到卵巢。这时可用食指和中指把卵巢固定，用拇指肚触摸卵巢大小、质地、形状和卵泡发育情况。操作要仔细，动作要缓慢。在直肠内触摸时要用指肚进行，不能用手指乱抓，以免损伤直肠黏膜。在母牛强力努喷或肠壁扩张成坛状，应当暂停检查，并用手揉搓按摩肛门，待肠壁松弛后再继续检查。检查完毕摘掉手套，手臂应当清洗、消毒，并做好检查记录。

（三）电子发情监控系统

传统管理模式下，为了观察牛的发情征兆，即便 24 小时派人不间断的轮流值守观察，效果也并不理想，特别是母牛发情期通常出现在深夜。

表 5-1　一天中不同时间段发情分布比例

发情（爬跨）时间	该段时间发情牛所占比例（%）
0~6 点	43
6~12 点	22
12~18 点	10
18~24 点	25

通过计步器来检测牛是否发情，已经不是新鲜的事情，它源于 20 世纪 90 年代初英国北威尔士大学附属学院三位博士提出的母牛发情期运动量偏差的研究。研究发现母牛通常的运动量为一天 3~5 千米，平时每小时在 100 步以内，但发情期的母牛运动量会增加至 10 千米以上，平均达 400~600 步/小时。根据上述原理，电子发情监控产品和数据分析管理系统相继问世，并逐步在广大奶牛场中大量推广应用。目前，条件较好的肉牛场也开始引进使用电子发情监控设备，如河北廊坊地区的文安县北方田园农牧发展有限公司的肉牛场已经在使用。通过电子发情监控系统，可以实现对牛发情行为的 24 小时不间断监控，大大提高了发情揭发率，能达到 90% 左右，克服了人工观察发情的不连续性和漏检问题。

三、影响母牛发情因素

（一）自然因素

牛一年四季均可发情，但发情持续时间的长短受到气候因素的影响。高温季节，母牛发情持续期明显比其他季节短。

（二）营养水平

营养水平对于牛的初情期和发情影响很大。自然环境对牛发情持续期的影响，从某种程度上来说是由营养水平变化导致的。一般情况下，良好的饲养水平可增加牛的生长速度，提早牛的体成熟，也可加强牛的发情表现。但营养水平过高，牛过肥会导致发情特征不明显或间情期长。

（三）饲草种类

在牛采食的饲料中，有些植物可能有某种物质，影响牛的初情期和经产牛的再发情。如豆科牧草中含有一种植物雌激素，当母牛长期采食豆科牧草，母牛流产率增多，乳房及乳头发达，导致牛繁殖力降低。

（四）饲养管理

牛产前、产后分别饲喂低、高能饲料可以缩短第一次发情间隔。如果产前喂以足够的能量而产后喂以低能量，则第一次发情间隔延长，有一部分牛在产犊后长时期内不发情。同时尽可能采取提早断奶法，让母牛提前发情。

第二节 人工授精

人工授精是利用器械采取公牛的精液，再利用器械把经过处理的精液输送到母牛生殖道的适当部位，使母牛受孕的一种方法。人工授精是牛繁殖技术的重大突破和革新，已在整个世界范围内推广使用，充分显示出其发展潜力和前景。

一、冷冻精液的保存

为了保证贮存于液氮罐中的冷冻精液品质，不致使精子活力下降，在贮存及取用时应注意以下事项。

① 按照液氮罐保温性能的要求，定期添加液氮，罐内盛装贮精袋（内装精液细管）的提斗（提桶）不得暴露在液氮面外。注意随时检查液氮贮存量，当液氮容量剩 1/3 时，需及时补充添加。

如果发现液氮罐口有结霜现象，并且液氮的损耗量迅速增加时，是液氮罐已经损坏的迹象，要及时更换新液氮罐。

②从液氮罐取出精液时，提斗不得提出液氮罐口外，可将提斗置于罐颈下部，用长柄镊夹取精液细管，操作越快越好。

③液氮罐应定期清洗，一般每年一次。要将贮精提斗向另一超低温容器转移时，动作要稳、快，贮精提斗在空气中暴露的时间不得超过5秒。

二、输精前的准备工作

（一）母牛准备

母牛经过发情鉴定后，确认已到输精时间，保定好后，对外阴清洗消毒，尾巴拉向一侧。

（二）器械准备

输精器械在使用前必须彻底清洗消毒。现常用的金属输精器可用75%的酒精消毒。

（三）冷冻精液准备

输精前要准备好精液，精液解冻后，活力不应低于35%。

1. 准备

提前准备好保温杯，并将水温控制在37~39℃。

2. 解冻

打开液氮罐盖子，找到要使用的冻精储存提桶，将提桶提起到罐口以下，距罐口不可超过3.5厘米，迅速用镊子夹住精液管，如果寻找冻精超过10秒，应将提桶放回液氮面一下，15秒后再提起寻找，以保持冻精的冷度；取出后置38℃左右水浴10秒解冻。

3. 检查

检查冻精细管上的牛号是否清晰、正确，确认无误。

4. 剪口

从保温杯中取出冻精，用纸巾或无菌干药棉擦干残留水分，用细管专用剪刀剪掉非棉塞封口端。

5. 精子活力检查

每批次冻精抽查 1~3 支，活力达到 35% 以上可以使用，这种抽查可间隔一定时间进行一次，防止精液质量下降。活力检查时，应保持显微镜载物台维持 37℃，可把显微镜至于 37℃ 保温箱中或给显微镜加恒温载物台的措施。

6. 装枪

把输精枪的推杆退到与细管长度相等的位置，把剪好的细管有棉塞一端先装入输精枪内，然后把输精枪装进一次性无菌输精枪外套管内，并按螺纹方向拧紧外套管。

（四）输精员准备

输精员应穿好工作服，指甲剪短磨光，手臂清洗消毒或带上输精专用长臂手套。

三、准确掌握输精时间

母牛输精后能否受孕，掌握好合适的输精时间至关重要。经产母牛发情持续期平均为 18 小时，输精应尽早进行。一般发现发情后 12~20 小时输精一次，也可视情况在第一次输精后间隔 8~12 小时进行第二次输精。生产上常规输精实行上午（早晨）发情下午输精，第二天早晨再输一次；下午（晚班）发情第二天早晨输精，然后下午（晚班）再输一次。为了准确把握输精适期，一般可掌握在母牛发情后期进行输精，此时母牛的发情表现已停止，性欲特征已消失，黏液量少，呈乳白色糊状，牵缕性差。通过直肠检查可感到卵巢上的卵泡胀大，表面紧张，有明显波动感，好像熟透的葡萄，呈一触即破状态。如感到卵巢上出现小坑，说明卵巢已排卵，可立即追配。为节省精液，提高受胎率，在母牛发情近结束时输精一次即可。

四、输精方法

现在普遍推广应用的输精方法是直肠把握子宫颈输精法，这种方法的优点是操作简单、安全可靠，精液输入部位深，不易倒流，受胎率高，并且对母牛刺激小，能防止给孕牛误配而造成人工流产。具体操作方法：输精员清洗消毒手及手臂，一只手戴上长臂乳胶或塑料薄膜手套，伸入母牛直肠内，握住并固定好子宫颈外口，并将宫颈往里推，使阴道伸展。然后压开阴裂，另一只手持输精枪，先斜上伸入阴道内5~10厘米，避开尿道口，再向下向前，左右手相互配合把输精枪管插入子宫颈。当遇有阻力时，不要硬插，以防损伤子宫颈。应缓缓推进并轻转输精枪管，即可顺利插到子宫体内或子宫角基部，然后把精液注入子宫（图5-1）。输精完毕，稍按压母牛腰部，防止精液外流，然后将所用器械清洗消毒备用。输精时应避免盲目用力插入，防止生殖道黏膜损伤或穿孔。

1. 探寻子宫颈

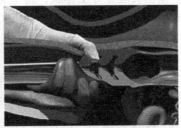

2. 握住子宫颈，插入输精枪

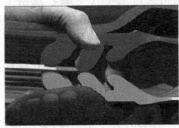

3. 将输精枪头慢慢穿过子宫颈

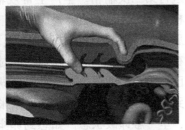

4. 确认枪头在子宫内，即可输精

图5-1　人工授精操作示意

第三节 妊娠诊断

在母牛的繁殖管理中，妊娠诊断尤其是早期妊娠诊断，是保胎、减少空怀和提高繁殖率的重要措施之一。经妊娠诊断，确认已怀孕的母牛应加强饲养管理；而未孕母牛要注意再发情时的配种和对未孕原因的分析。在妊娠诊断中还可以发现某些生殖器官的疾病，以便及时治疗；对屡配不孕牛也应及时育肥并淘汰。对于牛群来说，早期妊娠诊断的错误，极易造成发情母牛的漏配和已孕母牛的误配，从而人为地延长产犊间隔。

妊娠诊断方法虽然很多，但目前应用最普遍的还是外部观察法和直肠检查法。

一、外部观察法

妊娠最明显的表现是周期发情停止。随时间的增加、母牛食欲增强，被毛出现光泽，性情变得温顺，行动缓慢。在妊娠后半期（5 个月左右），腹部出现不对称，右侧腹壁突出。8 个月以后，右侧腹壁可见到胎动。外部观察在妊娠的中后期才能发现明显的变化，只能作为一种辅助的诊断方法。在输精后一定的时间阶段，如 60 天、90 天或 120 天统计是否发情，估算不返情率（不再发情牛数占配种牛数的百分数）来估算牛群的受胎情况。这种估算有一定的实用性，但计算并不十分准确。由于输精后个别未孕或胚胎死亡的母牛也不发情，致使不返情率高于实际受胎率。

二、直肠检查法

直肠检查法是判断是否妊娠和妊娠时间的最常用而可靠的方法。其诊断依据是妊娠后母牛生殖器官的一些变化。

（一）检查要点

在诊断时，对这些变化要随妊娠时期的不同而有所侧重。如妊娠初期，主要是子宫角的形态和质地变化；30 天以后以胎泡的大小为主；中后期则以卵巢、子宫的位置变化和子宫动脉特异搏动为主。在具体操作中，探摸子宫颈、子宫和卵巢的方法与发情鉴定相同。

未妊娠母牛的子宫颈、子宫体、子宫角及卵巢均位于骨盆腔；经产牛有时子宫角可垂入骨盆腔入口前缘的腹腔内。未孕母牛两侧子宫角大小相当，形状相似，向内弯曲如绵羊角；经产牛会出现两角不对称的现象。触摸子宫角时有弹性，有收缩反应，角间沟明显，有时卵巢上有较大的卵泡存在，说明母牛已开始发情。妊娠20~25天，排卵侧卵巢有突出于表面的妊娠黄体，卵巢的体积大于对侧。两侧子宫角无明显变化，触摸时感到壁厚而有弹性，角间沟明显。妊娠30天，两侧子宫角不对称，孕角变粗、松软、有波动感，弯曲度变小，而空角仍维持原有状态。用手轻握孕角，从一端滑向另一端，有胎泡从指间滑过的感觉。若用拇指和食指轻轻捏起子宫角，然后放松，可感到子宫壁内似有一层薄膜滑开，这就是尚未附植的胎膜。技术熟练者还可以在角间韧带前方摸到直径为2~3厘米的豆形羊膜囊。角间沟仍较明显。妊娠60天，孕角明显增粗，相当于空角的2倍，孕角波动明显，角间沟变平，子宫角开始垂入腹腔，但仍可摸到整个子宫。妊娠90天，角间沟完全消失，子宫颈被牵拉至耻骨前缘，孕角大如婴儿头，有的大如排球，波动感明显；空角也明显增粗。孕侧子宫动脉基部开始出现微弱的特异搏动。妊娠120天，子宫及胎儿全部沉入腹腔，子宫颈已越过耻骨前缘，一般只能触摸到子宫的局部及该处的子叶，如蚕豆大小。子宫动脉的特异搏动明显。此后直至分娩，子宫进一步增大，沉入腹腔，甚至可达胸骨区，子叶逐渐增大如鸡蛋；子宫动脉两侧都变粗，并出现更明显的特异搏动，用手触及胎儿，有时会出现反射性的胎动。寻找子宫动脉的方法是，将手伸入直肠，手心向上，贴着骨盆顶部向前滑动。在岬部的前方可以摸到腹主动脉的最后一个分支，即髂内动脉，在左右髂内动脉的根部各分出一支动脉，即为子宫动脉。通过触摸此动脉的粗细及妊娠特异搏动的有无和强弱，就可以判断母牛妊娠的大体时间阶段。

（二）注意事项

①母牛妊娠 2 个月之内，子宫体和孕侧子宫角都膨大，对胎泡的位置不易掌握，触摸感觉往往不明显，对初学者在判断上容易造成困难。必须反复实践才能掌握技术要领。

②妊娠 3 个月以上，由于胎儿的生长，子宫体积和重量的增加，使子宫垂入腹腔。触摸时，难以触及子宫的全部，并且容易与腹腔内的其他器官混淆，给判断造成困难。最好的方法是找到子宫颈，根据子宫颈的所在的位置以及提拉时的重量判断是否妊娠，并估计妊娠的时间。

③牛怀双胎时，往往双侧子宫角同时增大，在早期妊娠诊断时要注意这一现象。

④注意部分母牛妊娠后的假发情现象。配种后 20 天左右，部分母牛有发情的外部表现，而子宫角又有孕向变化，对这种母牛应做进一步观察，不应过早做出发情配种的决定。

⑤注意妊娠子宫和子宫疾病的区别。因胎儿发育所引起的子宫增大和子宫积脓、积水有时形态上相似，也会造成子宫的下沉、但积脓、积水的子宫提拉时有液体流动的感觉，脓液脱水后是一种面团样的感觉，而且也找不到子叶的存在，更没有妊娠子宫动脉的特异搏动。

三、其他诊断方法

（一）B 超诊断法

B 超诊断法是把超声波的物理特点和动物组织结构的声学特点密切结合的一种物理学诊断法，具有时间早、速度快、准确率高等优点。由于机体内各种脏器组织的声阻抗不同，超声波在脏器组织中传播时产生不同的反射规律，在示波屏上显示一定的波型。未孕时，超声波先通过子宫壁进入子宫，然后经子宫壁出子宫，从而产生一定的波型；若已妊娠，子宫内有胎儿存在时超声波则通过子宫壁（包括胎膜）、胎水、胎儿，再经胎水，子宫壁（包括胎膜）出子宫，产生出与未孕时不同的特有的波型，据此可作为妊娠诊断的依据。

（二）血、奶中黄体酮水平测定法

根据妊娠后血中及奶中黄体酮含量明显增高的现象，用放射免疫和酶免疫法测定黄体酮的含量，判断母牛是否妊娠。目前，用专门的试剂盒测定奶或血中黄体酮含量的较多，已在奶牛上应用非常广泛，在肉牛妊娠诊断上应用尚不多见。大量的试验表明，奶中黄体酮含量高于 5 纳克/毫升为妊娠，而低于该值者为未妊。放射免疫测定虽然精确，但需送专门实验室测定，不易推广。

（三）化学诊断法

判断妊娠与否的方法还有子宫颈—阴道黏液物理性状鉴定、尿中雌激素检查、外源激素特定反应等，这些方法难易程度不同，都有一定的局限性，准确率偏低且远不及直肠检查。

第四节　分娩与接产

一、妊娠期和预产期

受不同牛种、个体、年龄、季节和饲养管理条件等影响，母牛的妊娠期有很大差异，一般普通牛的妊娠期多在 270~285 天，平均 280 天。水牛 300~320 天，平均 313 天。牦牛 250~260 天，平均 255 天。根据以上的妊娠期，其预产期的推算方法是：普通牛（奶牛、肉牛和黄牛）将配种月份减 3，日数加 6，即得预计的产犊日期。此法最适于奶牛，黄牛和肉牛在日数上可增加 2~3 天。水牛的妊娠期（313 天）可用月份减 2，日期加 9 的方法计算。牛的预产期算出后，就要在母牛临产前预先做好分娩与接产工作。

二、分娩

分娩是指牛从产道中产出发育成熟胎儿的过程。正常情况下，分娩的时机是由胎儿决定的。当胎儿长到了分娩前的成熟期，其肾上腺分泌皮质醇增加，这是牛繁殖周期中一个重要转折点，皮质醇启动了正常分娩和泌乳所需要发生的一切改变。与此同时，母牛机体也会相应发生一系列激素的变化，为即将到来的分娩过程做好准备。

（一）分娩征兆

在激素变化影响下，牛在分娩前发生一系列生理上的变化，称之为"分娩征兆"或"临产征状"。

（1）乳房膨大 牛在临产前半个月左右，乳房就开始发育膨胀，在临产前3~4天就可以从前面两个乳头挤出黏稠状的淡黄色乳汁，在临产前1~2天4个乳头都可挤出乳白色的乳汁，这些乳汁称为"初乳"。乳房充盈变大，乳头饱满，乳头皮肤平滑光亮。

（2）外阴变化 牛在怀孕的后半期两阴唇就开始肿胀、变得柔软，阴唇皱褶逐渐展平，做阴道检查时发现子宫颈外口的黏液塞被溶化。牛在临产前的1~2天往往从阴道内流出透明絮状的黏液并垂于阴门之外（图5-2）。

图5-2 母牛临产前流出的子宫颈栓黏液

（3）骨盆变化 在怀孕后期，骨盆腔内的血液流量逐渐增加，毛细血管壁扩张，有部分血浆渗出血管壁，浸润了周围的组织，骨盆韧带松弛变软，臀部尾根两侧出现凹陷，特别在临产前1~2天，骨盆韧带会进一步松弛，尾根两侧凹陷更为明显。触诊荐髂韧带变得柔软松弛，称为塌胯。

（4）精神变化　牛在临产时，子宫出现阵痛现象，表现精神不安，时起时卧，频频排尿，并经常回望腹部或后肢踢腹，这些行为随着临产的到来，间隔时间会越来越短，阵痛时间将会越来越长，表明牛即将分娩，接产人员需做好接产准备。

（二）分娩过程

分娩过程可划分为3个阶段。

（1）第一阶段　子宫颈扩张期或开口期。

在这个阶段，子宫收缩频率增加，胎儿在收缩作用下逐渐朝着产道移行，子宫颈慢慢松弛。在第一阶段后期，子宫颈直径扩张至7~15厘米。这时母牛烦躁不安，来回走动，产道分泌大量黏液，排粪尿的次数增多，骨盆韧带松弛。该阶段持续2~12个小时。此期仅有宫缩，没有怒责。

（2）第二阶段　胎儿娩出期。

该阶段始于胎儿进入子宫颈，在母牛腹部收缩连同子宫阵缩作用下挤压胎儿进入产道，当胎儿进入子宫颈后约30分钟，即可见胎儿的蹄子。之后分泌的进程减缓，因为子宫颈要进一步扩张，直至允许胎儿的头部和肩部可以通过。在蹄子出现后的5~45分钟，子宫收缩频率和强度再次增加，之后胎儿会在15~30分钟分娩出。第二阶段根据品种和胎次的不同持续时间在15分钟至3个小时。

（3）第三阶段　胎衣排出期。

通常需要4~6个小时。母牛产公犊后胎衣滞留时间稍长。胎衣在产后12个小时内未被排出则为胎衣不下。难产时胎衣不下的几率提高2~3倍。

三、接产

（一）对接产员的要求

接产员必须是经过接产训练的人员。

① 必须熟知临近产犊的母牛的状态。包括母牛精神是否正常、胎儿是否存活，胎位、胎向是否异常，子宫有无扭转等。

② 在产犊过程中能够明确区分正常情况与不正常情况，是否需要助产。

③ 母牛需助产时，掌握正确的助产方法并熟练使用。

④ 能正确识别产道内胎儿部位、姿势。

⑤ 正确掌握鉴别产道内胎儿死活的方法。

⑥ 严格掌握接产过程中的卫生与消毒措施。

⑦ 加强个人卫生防护，接产时懂得佩戴防护用具。

（二）接产准备工作

接产人员在牛临产前 10 多天要注意观察牛体态和行为的变化情况，并要在临产前 1 周左右准备好产房、接产用具和有关药品，如肥皂、毛巾、剪子、绷带、水桶、脸盆、刷子、碘酒、70%酒精棉球、高锰酸钾、消毒粉或消毒液（来苏尔）等。产房要求宽敞、清洁、保暖，无贼风眼或贼风洞，地面上要铺以清洁、干燥和柔软的垫草，牛在临产前 1 周就要转入产房待产。

（三）接产方法

① 用洁净的毛巾浸泡 0.1%新洁尔灭液擦洗临产母牛会阴和外阴部，使其干净、晾干。

② 接产员密切关注分娩进展情况，记录牛进入分娩第二阶段的开始时间。当牛卧下不再起立时，说明胎头已经通过骨盆狭窄部，此时四肢伸直，腹肌强烈收缩。

③ 注意观察尿膜绒毛膜囊和羊膜绒毛膜囊的露出情况。在母牛努喷和阵缩作用下，在阴门外先露出尿膜绒毛膜囊，很快破裂流出褐色尿水。随后露出白色半透明的羊膜绒毛膜囊，破裂后流出淡白色羊水，此时可见胎儿的蹄部和胎头。

④ 注意观察阴门内最先出现的是胎儿的哪部分。一般正生时可看到两个前蹄和胎儿鼻端。倒生时可看到两后蹄和尾部，在胎儿大小正常情况下也可正常娩出，尽量避免人为干预。

⑤ 若胎膜破裂超过 1 小时，还看不到胎儿蹄部，接产人员需

要进行检查，确定不能顺产的原因，检查后发现异常情况要及时进行人工助产或剖腹产。

⑥犊牛娩出后，接产人员立即用手指伸入犊牛口腔内，清除口腔内的黏液，距离脐孔5厘米处，用消毒的手术剪或消毒的手指断脐，然后用5%碘酊消毒脐带断端。

⑦让母牛舔干犊牛身上的黏液，有利于促进胎衣排出。也可用洁净的毛巾擦干犊牛身上的黏液。

⑧观察犊牛身体情况，对活力差的犊牛，采取相应措施进行救治。

⑨进行犊牛称重、编号、打耳标。

（四）产后牛的检查与处理

牛产犊后，接产员要进行必要的检查。

①产犊时有大出血的牛，要检查出血是否停止，精神状态如何，体温、心跳有无异常等，出现异常情况，应立即通知兽医进行诊治。

②检查产道有无损伤。尤其是分娩时间长的牛，由于羊水过早排出，产道黏膜过于干燥，容易出现产道撕裂创；子宫收缩力过强、产程过快、胎儿过大，也容易造成子宫颈、阴道撕裂。如果出现上述情况，应尽早消毒处理、缝合伤口。

③为促进新产牛子宫收缩与止血、胎衣排出，产后1小时内可肌内注射缩宫素80～100IU。

④牛产后往往感到疲劳和口干，产后最好让牛饮一些温麸皮盐汤。配方是：麸皮1～2千克、食盐100～150克、温水3～5千克，调成稀粥状。牛饮温麸皮盐汤还可补充分娩时体内水分的消耗，帮助维持体内酸碱平衡，起充饥、暖腹、增加腹压和帮助恢复体力的作用。产后2小时内口服钙制剂产品，预防产后瘫痪。

⑤产后子宫、阴道可能发生感染的牛，全身应用抗生素。产道有损伤或产后不能站立的牛，注射氟尼辛葡甲胺等非甾体抗炎药。

第五节 提高肉牛繁殖力的措施

一、影响肉牛繁殖力的因素

（一）遗传

繁殖力受遗传因素的影响，牛繁殖力的遗传力为 0.05 左右。品种不同，繁殖力差异很大，即使同一品种，由于遗传因素不同，个体之间繁殖力不也同。一般来说，繁殖力高的个体的后代，其繁殖力也高。如双胎个体的后代产双胎的可能性明显大于单胎个体后代。

（二）季节与环境温度

高温对肉牛的繁殖有严重的负面影响。据统计，夏季肉牛情期受胎率比冬季肉牛受胎率平均低 30%左右。季节对肉牛的发情也有影响，特别对放牧肉牛影响比较明显，夏季炎热和冬季严寒时，肉牛的繁殖力最低，死胎率明显增高。春、秋两季气温适宜，光照充足，繁殖效率最高。

（三）年龄

肉牛一般在 2~2.5 岁产头胎，此时其身体尚未发育完全，性机能还不十分健全，随着年龄和胎次的增加，机体逐渐发育成熟，繁殖力逐渐提高，发情征状也趋于明显，性周期规律化，以后随着机体衰老繁殖力下降。实践表明，经产母牛受胎率高于初产母牛。

（四）营养水平

营养水平低，尤其是蛋白质、矿物质、维生素缺乏，母牛膘情太差，都影响母牛发情，营养过剩，又会发生卵巢囊肿等疾病及引起死胎现象，影响了繁殖力。因此要使母牛正常发情必须调整营养水平，抓好母牛增膘，特别是带犊母牛应加强饲养管理。

（五）疾病

繁殖力高的母牛，必须保持健康的体质，子宫炎、生殖道感染、肢蹄疾病、寄生虫病、消化道疾病、母牛受胎率都会降低。因此,应做好饲养场地环境清洁卫生,减少疾病发生和传播。

(六) 繁殖技术

近年来,随着胚胎工程技术的发展,繁殖技术在提高母牛的繁殖力上已发挥出重要作用。采用超数排卵、体外受精和胚胎移植等新技术,加快了肉牛的繁育速度,提高了良种数量。

二、提高肉牛繁殖力的措施

(一) 选用优质牛冷冻精液

在牛繁殖配种过程中,从具有良种牛及冷冻精液生产资质的机构或企业选用优质牛冷冻精液,是保证牛繁殖力的重要前提。人工授精前要对冷冻精液解冻后的活力、密度等进行检验,以确保使用合格冻精。

(二) 适时配种

正确的发情鉴定是确定适时配种或输精时间的依据。适时配种是提高受胎率的关键。在牛的发情鉴定中,目前普遍应用而且比较准确的方法还是通过直肠检查,触摸卵巢上的卵泡发育情况。技术人员应经常仔细观察母牛的发情情况,并作必要的记录,应抓住适宜的配种时间,肉牛的最佳配种时间应在排卵前 7~8 小时,即发情"静立"的 12~20 小时,受胎率最高。

(三) 熟练使用人工授精技术

在对母牛进行人工授精时,输精操作技术规范熟练,输精器械消毒彻底,保持母牛生殖道清洁卫生,都能促进母牛受胎。人工授精过程中,要注意精液解冻和输精器械的洗涤和消毒,输精器械洗涤消毒后,要烘干或用生理盐水冲洗,防止输精器内壁黏附的水分降低精液渗透压。所以,严格执行人工授精技术操作规程,是提高情期受胎率的基本保证。

(四) 控制、治疗繁殖障碍疾病

对于不发情、异常发情、子宫内膜炎、屡配不孕,受精障碍、胚体、胎儿生长、死亡等繁殖障碍母牛,应积极预防。不孕症是引起母牛情期受胎率降低的重要原因。引起不孕的因素很多,但其中最主要的因素是子宫内膜炎和异常排卵。而胎衣不下是引起子宫内膜炎的主要原因。因此，从牛分娩开始，要重视产科疾病和生殖道疾病的预防，对于提高情期受胎率具有重要意义。对于先天性和生理性不孕，如母牛生殖器官发育不正常，子宫颈狭窄，位置不正，阴道狭窄、两性畸形、异性孪生犊、种间杂交后代不育，幼稚病应注意选择、淘汰，能治疗的做好综合防治和挽救工作，以减少无繁殖能力肉牛头数。因此，控制母牛繁殖疾病，对于提高繁殖力具有重要意义。

（五）缩短产后第一次发情间隔

诱导母牛在哺乳期或断奶后正常发情排卵，对于提高受配率、缩短产犊间隔或繁殖周期具有重要意义。在正常情况下，牛可在哺乳期发情排卵。但在某些情况下，有的在产后 2~3 个月甚至更长时间仍无发情表现，因而延长产犊间隔，降低繁殖力。影响产后第一次发情的因素很多，如哺乳、营养不良、生殖内分泌机能紊乱、生殖道炎症等。因此，要加强饲养管理，积极预防产后乏情。必要时，可根据情况应用促性腺素、前列腺素、雌激素等诱导发情。

（六）强化营养供给和管理水平

供给全面均衡的饲料 全面均衡的营养供给是保证肉牛繁殖力的重要措施。在整个肉牛的饲养期间都应保持合适的体况，提高繁殖力。同时，采取必要的防暑降温措施，延长饲喂时间，增加饲喂次数，降低牛舍温度，增加排热降温措施。

（七）推广应用繁殖新技术

大力推广应用冷冻精液人工授精技术，提高优秀种公牛的利用效率。尤其进一步提高牛冷冻精液的受胎率。在提高良种母牛繁殖利用效率的新技术方面，主要有超数排卵和胚胎移植技术（MOET）、胚胎分割技术、卵母细胞体外成熟及体外受精技术、性别控制技术等。这些技术研究已经取得显著成果，并在一定范围得到推广应用。尤其胚胎移植技术目前进展较快，已经进入产业化阶段。但由于这些技术比常规技术成本高，要求条件苛刻，推广应用范围受到一定限制。所以应用这些繁殖新技术最好与育种技术结合起来，即应用这些新技术培育良种核心群，提高优秀种公、母牛繁殖效率，以提高肉牛生产的经济效益，从而才能进一步推动这些繁殖新技术的推广应用。

第六节　加快牛场扩群的方法

使用性控冻精和胚胎移植是牛场常用的扩群方法。

一、性控冻精

性别控制是指雌性动物通过人为地干预而繁殖出人们所期望性别后代的一种繁殖新技术。XY 精子分离性别控制技术是指将牛的精液根据含 X 染色体和 Y 染色体精子的 DNA 含量不同而把这两种类型的精子有效地进行分离后，将含 X 染色体的精子分装冷冻后，用于牛的人工授精，而使母牛怀孕产母牛犊的技术。这种根据精子 X、Y 性染色体的不同而分装冷冻的冻精就叫性控冻精。

（一）流式细胞仪 XY 精子分离原理

由于 X 和 Y 精子 DNA 含量存在差异，X 精子 DNA 含量比 Y 精子多 4%，通过使用一种荧光染料 HOECHST 33342 与精子 DNA 结合着色，利用染料着色的差异，通过激光照射后，利用探测器检测和计算机分析、识别这种荧光及其差异。当液体流出流式细胞仪时，就会被振荡器击成分别携带 X 和 Y 精子的小液滴。如果液滴被计算机分析含有 X 精子，就加载上正电荷；如果液滴含有 Y 精子，就加载上负电荷。如果液滴没有被识别出含有精子或含有多个精子、受损伤精子以及不能区别出含 X 或是 Y 的液滴，就不加载电荷。当含 X 或 Y 精子的液滴从流式细胞仪的喷嘴流出时，会通过高压电场，这样携带不同电荷的液滴在电场作用力的引导下，落入左右两旁的收集容器中，X 精子和 Y 精子得以分离。

（二）性控冻精的特点

① 解冻后精子活力要比常规冷冻精液高，其原因是死精子和部分畸形精子在分选时被筛除。

② 性控冻精细管分装精子的密度低于普通冻精（性控精液：230万个/0.25毫升，普通精液≥1 000万个/0.25毫升）。

③ 含 X 染色体性控冷冻精液的存活时间相对于常规冷冻精液要短。

（三）输精操作要点

① 配种时间：使用性控冻精配种时，配种时间尽量控制在排卵前6小时之内或排卵后4小时之内。

② 解冻：从液氮罐中取冻精时，提漏中的冻精不可超过液氮罐口，如果10秒钟内还没有将冻精取出，应将冻精立刻沉入液氮中然后再提到罐口重复操作；单支冻精取出后在空气中先停留5秒左右，然后放入38℃左右清水中10秒钟后取出，用干脱脂棉擦干后剪断封口，装入输精器准备输精。

③ 输精部位：为提高性控冻精的受胎率，一般把精液注在排卵侧子宫角前1/3处。

④ 使用性控冻精时，尽量缩短解冻与输精之间的时间，最好是解冻一支输一支。

⑤ 对于已经参加配种的牛只，在8小时之内进行第二次直肠检查卵泡；如果已经确认排卵，做好配种记录；没有排卵的参配牛只采取补救措施，直肠检查推断排卵时间后再进行第二次输精。

⑥ 输精母牛的选择：最好选择16月龄以后，体重达到其成年体重的70%，体高达90%，胸围达到80%的育成母牛。因为育成牛生殖机能旺盛，子宫环境好，有利于受胎。如果选择经产牛，必须是体况良好、发情周期正常、没有繁殖疾病的健康母牛。

二、胚胎移植

胚胎移植是将一头良种母畜配种后形成的早期胚胎取出，移植到另一头（或几头）同种的、生理状态相同的母畜生殖器官的相应部位，使之继续发育成为新的个体，也有人通俗地称之"借腹怀胎"。胚胎移植是继人工授精之后繁殖技术的又一次革命，使优良公、母牛的繁殖潜力得以充分发挥，极大地增加了优秀个体的后代数。以新鲜胚胎移植为例，主要包括：供体和受体母牛的选择、供体与受体的同期发情、供体超数排卵与人工授精、胚胎的采集、胚胎检查和鉴定、胚胎移植、受体的妊娠诊断等。

（一）供体牛的选择

供体牛应有重要育种价值，需要进行系谱、生产性能和体型外貌鉴定的选择。供体母牛要求品种优良、生产性能好、遗传性稳定、系谱清楚、体质健壮、繁殖机能正常、繁殖力较高、无遗传和传染疾病、年龄在 15 月龄到 8 周岁以内的优秀个体。

（二）受体牛的选择

受体可选用非优良品种的个体，但应选择健康状况良好、无生殖器官疾病、发情周期正常、营养及体况较好的个体。

（三）同期发情

同期发情是对群体母牛采取措施，使其发情相对集中在一定时间范围的技术，通常能将发情集中在处理后的 2~5 天。在同期发情处理方法中，比较常用的是孕激素埋植物埋植法、孕激素阴道栓塞发和前列腺素法。

（四）供体超数排卵

在母牛发情周期的适当时间，施以外源性促性腺激素，使卵巢中比自然情况下有较多的卵泡发育并排卵，这种方法称为超数排卵（简称超排）。用于超排的激素主要有促卵泡素 FSH、孕马血清 PMSG、前列腺素 $PGF2\alpha$、促黄体素 LH、孕激素、促性腺激素释放激素 GnRH。常用的超排处理方法有 PMSG+$PGF_{2\alpha}$ 法、FSH+$PGF_{2\alpha}$ 法等。超排技术的应用，可充分发挥优良种母（供体）牛的作用，加速牛群改良，同时也是胚胎移植的重要环节。在反复进行超排处理时需要注意以下问题。

超排应用的 PMSG、HCG、FSH 及 LH 均为大分子蛋白质制剂，对母牛作反复多次注射后体内会产生相应的抗体，使卵巢的反应逐渐减退，超排效果也随之降低。一是增加药物的剂量。在第二次超排处理时，可将促性腺激素的剂量加大，以到达正常的超排处理。二是间隔一定时间处理。母牛每进行一次超排处理，使卵巢经历一次沉重的生理负担，需经一定时期才能恢复正常的生理机能。所以，在给供体体母牛作第二次处理的间隔时期应为 60~80 天，第三次处理时间则需长到 100 天，在每一次冲取胚胎结束后，应向子宫内灌注 $PGF_{2\alpha}$ 以加速卵巢的恢复。三是更换激素制剂。当连续两次使用同一种药物进行处理时，为了保持卵巢对激素的敏感性，可以更换另一种激素进行超排处理，以获得较好效果。

（五）供体人工授精

超排处理后，要密切观察供体发情征状，一般多在超排处理结束后 12~48 小时发情。在观察到第一次接受爬跨站立不动后 8~12 小时第一次输精，以 8~12 小时间隔再输精一次，每次输入正常人工授精输精量的 2 倍。

（六）胚胎的采集

胚胎的采集也称为采胚、冲胚。利用冲卵液将胚胎由生殖道（输卵管或子宫）中冲出，并收集在器皿中。冲卵液和短期胚胎培养液通常用改良的杜氏磷酸盐缓冲液（mPBS）。胚胎采集有手术和非手术两种方法。前者适用于各种家畜，后者仅适用于牛、马等大家畜，且只能在胚胎进入子宫角以后进行。目前，主要采用非手术法采集胚胎，一般在配种后 6~8 天进行。方法是：首先将牛保定，采用前高后低站势，在腰荐或尾椎间隙注射 2% 的普鲁卡因或利多卡因 3~5 毫升进行硬膜外麻醉，外阴清洗消毒干净后，用直肠把握法将带有不锈钢丝的采卵管插入子宫角，直到子宫角大弯处，然后抽出钢丝，由助手向气球打气，打气量一般 15~20 毫升。接好导管，注入冲卵液，每次 20~50 毫升，如此反复 5~6 次，每子宫角的用液量 300~400 毫升，冲完一侧又换到另一侧，两侧的冲卵液分别回收到集卵杯。注意为了更多地回收冲卵液，每次回收时可轻轻按摩子宫角。冲卵结束后，应向子宫内放入一定量的抗生素，以防子宫感染。

（七）胚胎检查和鉴定

1. 胚胎检查

胚胎检查是指在立体显微镜下从冲卵液中寻找胚胎。从子宫冲出来的胚胎，其表面或冲出来的液体中可能带有一些异物，必须用清洗液洗涤几遍。清洗液一般用 mPBS 或用 M-199 配制的胚胎成熟培养液。清洗的具体方法是：在实体显微镜下（20 倍）将冲出胚胎用吸胚管移入清洗液做的微滴中，用吸胚管在清洗液中吹打几次后，换一新吸胚管再将胚胎移入另一微滴中，照前法洗涤 3~5 次。

2. 胚胎鉴定

胚胎鉴定是将检查的胚胎应用各种手段对其质量和活力进行评定。回收的冲卵液集中在长形玻璃筒内，静置 30 分钟，使胚胎沉淀于底部，然后用虹吸法慢慢吸出上面的冲卵液，剩下 100 毫升分两次进行镜检寻找胚胎。镜检时先用 12 倍镜寻找，当看到胚胎后再用 62 倍镜仔细观察其形态，正常发育的胚胎卵裂球外形整齐、大小比较一致，分布均匀，外膜完整，而未受精卵和异常无卵裂现象的卵外膜破裂。一般对妊娠 7 天的牛早期胚胎根据发育阶段和形态分为 A、B、C、D 四级。只有 A、B 级胚胎才能进行移植或冷冻。

（八）胚胎移植

一般采用非手术法进行移植，操作环节与人工授精相似，胚胎输送的部位是受体牛黄体侧子宫角深部。胚胎移植成功的根本条件是供体牛和受体牛具备相同的生理期，一般是将供体牛发情配种后第 7 天的胚胎移植到发情后的 6~8 天的受体牛体内。

（九）受体的妊娠诊断

胚胎移植后，为了确定受体牛妊娠情况，一般对移植后不发情的母牛，采用直肠检查法或超声波诊断法进行妊娠诊断。供体牛下次发情可配种或停配 2~3 个月再作供体；受体牛如发情，说明移植失败，应查明原因。

第六章　肉牛营养需要与饲料

第一节　肉牛的营养需要

肉牛营养需要是指肉牛在最适宜环境条件下，正常、健康生长或达到理想生产成绩对各种营养物质种类和数量的最低要求。

一、营养需要的划分

牛采食的饲料营养成分被消化吸收后用于机体维持需要和生长、繁殖需要，不被消化的部分被排出体外。因此，营养物质的需要可划分为以下几种。

（一）维持需要

维持需要是指在维持一定体重的情况下，保持生理功能正常所需的养分。营养供应上为维持最低限度的能量和修补代谢中损失的组织细胞，保持基本的体温所需的养分。通常情况下牛所采食的营养有 $1/3 \sim 1/2$ 用在维持上，维持需要的营养越少越经济。影响维持需要的因素有：运动、气候、应激、卫生环境、个体大小、牛的习性和禀性、个体要求、生产管理水平和是否哺乳等。

（二）生长需要

以满足牛体躯骨骼、肌肉、内脏器官及其他部位体积增加所需的养分，为生长需要。在经济上具有重要意义的是肌肉、脂肪和乳房发育所需的养分，这些营养要求随牛的牛龄、品种、性别及健康状况而异。

（三）繁殖需要

繁殖需要是指母牛能正常生育所需的营养，包括使母牛不过于消瘦以致奶量不足，被哺育的犊牛体重小而衰弱的营养需求和母牛在最后1/3妊娠期增膘，以利于产后再孕的营养需求。能量不足时母牛产后体膘恢复慢，发情较少，受孕率降低。蛋白质不足使母牛繁殖力降低，延迟发情，犊牛初生重减轻。碘不足造成犊牛出生后衰弱或死胎。维生素A不足使犊牛畸形、衰弱，甚至死亡。因此，妊娠牛在后期的营养很重要。对于种公牛来说，好的平衡日粮才能满足培养高繁殖率种牛的需要。

（四）育肥需要

育肥是为了增加牛的肌肉间、皮下和腹腔间脂肪蓄积所需的养分。增膘是为了提高肉牛业的经营效益，因其能改善肉的风味、柔嫩度、产量、质量等级以及销售等级，具有直接的经济意义。膘情丰满的个体在售价上占有优势，无论是拍卖、展销、屠宰、销售，膘情都是重要的考核指标。

（五）泌乳需要

泌乳营养是促使妊娠牛产犊后给犊牛提供足够乳汁的养分。过瘦的母牛常常产后缺奶，这在黄牛繁殖过程中经常出现，主要是由于不注意妊娠后期母牛营养所致。

二、肉牛营养需要和饲养标准

我国和世界很多国家的饲养标准对肉牛营养需要量都是按阶段规定。饲养标准就是根据大量饲养实验结果和肉牛生产实践经验总结，对牛所需的各种营养物质的定额做出的规定。这种系统的营养定额及相关资料统称为饲养标准。表6-1至表6-4列出的是美国NRC和我国生长育肥牛、妊娠牛、哺乳母牛的营养需要饲养标准等，在设计日粮配方时可以参考。

表6-1 美国生长育肥牛营养需要（NRC，1996）

体重（千克）	200	250	300	350	400	450
维持需要						
维持净能（兆焦/天）	17.14	20.23	23.20	26.04	28.8	31.43
代谢（克/天）	202	239	274	307	340	371
钙（克/天）	6	8	8	11	12	14
磷（克/天）	5	6	7	8	10	11
生长需要						
日增重（千克/天）			增重净能（兆焦/天）			
0.5	5.31	6.27	7.19	8.07	8.95	9.74
1.0	11.37	13.42	15.38	17.26	19.10	20.86
1.5	17.72	20.94	23.99	26.96	29.80	33.40
2.0	24.29	28.72	32.94	36.95	40.84	44.64
2.5	31.02	36.70	42.05	47.19	52.17	57.02
日增重（千克/天）			代谢蛋白质（克/天）			
0.5	154	155	158	157	145	133
1.0	299	300	303	298	272	246
1.5	441	440	442	432	391	352
2.0	580	577	577	561	505	451
2.5	718	712	710	687	616	547
日增重（千克/天）			钙（克/天）			
0.5	14	13	12	11	10	9
1.0	27	25	23	21	19	17
1.5	39	36	33	30	27	25
2.0	52	47	43	39	35	32
2.5	64	59	53	48	43	38
日增重（千克/天）			磷（克/天）			
0.5	6	5	5	4	4	4
1.0	11	10	9	8	5	7
1.5	16	15	13	12	11	10
2.0	21	19	18	16	14	13
2.5	26	24	22	19	17	15

表6-2 我国生长育肥牛营养需要（2004）

体重 （千克）	日增重 （千克/天）	干物质 （千克/天）	综合净能 （兆焦）	肉牛能量 单位 （RND）	粗蛋白质 （克/天）	钙 （克/天）	磷 （克/天）
	0	2.66	11.76	1.46	236	5	5
	0.3	3.29	15.1	1.87	377	14	8
	0.4	3.49	15.9	1.97	421	17	9
	0.5	3.7	16.74	2.07	465	19	10
	0.6	3.91	17.66	2.19	507	22	11
150	0.7	4.12	18.58	2.3	548	25	12
	0.8	4.33	19.75	2.45	589	28	13
	0.9	4.54	21.05	2.61	627	31	14
	1	4.75	22.64	2.8	665	34	15
	1.1	4.95	24.35	3.02	704	37	16
	1.2	5.16	26.28	3.25	739	40	16
	0	2.98	13.18	1.63	265	6	6
	0.3	3.63	16.9	2.09	403	14	9
	0.4	3.85	17.78	2.2	447	17	9
	0.5	4.07	18.7	2.32	489	20	10
	0.6	4.29	19.71	2.44	530	23	11
175	0.7	4.51	20.75	2.57	571	26	12
	0.8	4.72	22.05	2.79	609	28	13
	0.9	4.94	23.47	2.91	650	31	14
	1	5.16	25.23	3.12	686	34	15
	1.1	5.38	27.2	3.37	724	37	16
	1.2	5.59	29.29	3.63	759	40	17

（续表）

体重 （千克）	日增重 （千克/天）	干物质 （千克/天）	综合净能 （兆焦）	肉牛能量 单位 （RND）	粗蛋白质 （克/天）	钙 （克/天）	磷 （克/天）
	0	3.6	15.1	1.87	320	7	7
	0.3	4.31	20.71	2.56	452	15	10
	0.4	4.55	21.76	2.69	494	18	11
	0.5	4.78	22.89	2.83	535	20	12
	0.6	5.02	24.1	2.98	576	23	13
225	0.7	5.26	25.36	3.14	614	26	14
	0.8	5.49	26.9	3.33	652	29	14
	0.9	5.73	28.66	3.55	691	31	15
	1	5.96	30.79	3.81	726	34	16
	1.1	6.2	33.1	4.1	761	37	17
	1.2	6.44	35.69	4.42	796	39	18
	0	3.9	17.78	2.2	346	8	8
	0.3	4.64	22.72	2.81	475	16	11
	0.4	4.88	23.85	2.95	517	18	12
	0.5	5.13	25.1	3.11	558	21	12
	0.6	5.37	26.44	3.27	599	23	13
250	0.7	5.62	27.82	3.45	637	26	14
	0.8	5.87	29.5	3.65	672	29	15
	0.9	6.11	31.38	3.89	711	31	16
	1	6.36	33.72	4.18	746	34	17
	1.1	6.6	36.28	4.49	781	36	18
	1.2	6.85	39.08	4.84	814	39	18

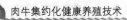

（续表）

体重 （千克）	日增重 （千克/天）	干物质 （千克/天）	综合净能 （兆焦）	肉牛能量 单位 （RND）	粗蛋白质 （克/天）	钙 （克/天）	磷 （克/天）
	0	4.19	19.37	2.4	372	9	9
	0.3	4.96	24.77	3.07	501	16	12
	0.4	5.21	25.98	3.22	543	19	12
	0.5	5.47	27.36	3.39	581	21	13
	0.6	5.72	28.79	3.57	619	24	14
275	0.7	5.98	30.29	3.75	657	26	15
	0.8	6.23	32.13	3.98	696	29	16
	0.9	6.49	34.18	4.23	731	31	16
	1	6.74	36.74	4.55	766	34	17
	1.1	7	39.5	4.89	798	36	18
	1.2	7.25	42.51	5.26	834	39	19
	0	4.47	21	2.6	397	10	10
	0.3	5.26	26.78	3.32	523	17	12
	0.4	5.53	28.12	3.48	565	19	13
	0.5	5.79	29.58	3.66	603	21	14
	0.6	6.06	31.13	3.86	641	24	15
300	0.7	6.32	32.76	4.06	679	26	15
	0.8	6.58	34.77	4.31	715	29	16
	0.9	6.85	36.99	4.58	750	31	17
	1	7.11	39.71	4.92	785	34	18
	1.1	7.38	42.68	5.29	818	36	19
	1.2	7.64	45.98	5.69	850	38	19

（续表）

体重（千克）	日增重（千克/天）	干物质（千克/天）	综合净能（兆焦）	肉牛能量单位（RND）	粗蛋白质（克/天）	钙（克/天）	磷（克/天）
	0	4.75	22.43	2.78	421	11	11
	0.3	5.57	28.58	3.54	547	17	13
	0.4	5.84	30.04	3.72	586	19	14
	0.5	6.12	31.59	3.91	624	22	14
	0.6	6.39	33.26	4.12	662	24	15
325	0.7	6.66	35.02	4.36	700	26	16
	0.8	6.94	37.15	4.6	736	29	17
	0.9	7.21	39.54	4.9	771	31	18
	1	7.49	42.43	5.25	803	33	18
	1.1	7.76	45.61	5.65	839	36	19
	1.2	8.03	49.12	6.08	868	38	20
	0	5.02	23.85	2.95	445	12	12
	0.3	5.87	30.38	3.76	569	18	14
	0.4	6.15	31.92	3.95	607	20	14
	0.5	6.43	33.6	4.16	645	22	15
	0.6	6.72	35.4	4.38	683	24	16
350	0.7	7	37.24	4.61	719	27	17
	0.8	7.28	39.5	4.89	757	29	17
	0.9	7.57	42.05	5.21	789	31	18
	1	7.85	45.15	5.59	824	33	19
	1.1	8.13	48.53	6.01	857	36	20
	1.2	8.41	52.26	6.47	889	38	20

（续表）

体重 （千克）	日增重 （千克/天）	干物质 （千克/天）	综合净能 （兆焦）	肉牛能量 单位 （RND）	粗蛋白质 （克/天）	钙 （克/天）	磷 （克/天）
375	0	5.28	25.27	3.13	469	12	12
	0.3	6.16	32.22	3.99	593	18	14
	0.4	6.45	33.85	4.19	631	20	15
	0.5	6.74	35.61	4.41	669	22	16
	0.6	7.03	37.53	4.65	704	25	17
	0.7	7.32	39.5	4.89	743	27	17
	0.8	7.62	41.88	5.19	778	29	18
	0.9	7.91	44.6	5.52	810	31	19
	1	8.2	47.87	5.93	845	33	19
	1.1	8.49	50.54	6.26	878	35	20
	1.2	8.79	54.48	6.75	907	38	21
400	0	5.55	26.74	3.31	492	13	13
	0.3	6.45	34.06	4.22	613	19	15
	0.4	6.76	35.77	4.43	651	21	16
	0.5	7.06	37.66	4.66	689	23	17
	0.6	7.36	39.66	4.91	727	25	17
	0.7	7.66	41.76	5.17	763	27	18
	0.8	7.96	44.31	5.49	798	29	19
	0.9	8.26	47.15	5.64	830	31	19
	1	8.56	50.63	6.27	866	33	20
	1.1	8.87	54.43	6.74	895	35	21
	1.2	9.17	58.66	7.26	927	37	21

（续表）

体重 （千克）	日增重 （千克/天）	干物质 （千克/天）	综合净能 （兆焦）	肉牛能量 单位 （RND）	粗蛋白质 （克/天）	钙 （克/天）	磷 （克/天）
	0	5.8	28.08	3.48	515	14	14
	0.3	6.73	35.77	4.43	636	19	16
	0.4	7.04	37.57	4.65	674	21	17
	0.5	7.35	39.54	4.9	712	23	17
	0.6	7.66	41.67	5.16	747	25	18
425	0.7	7.97	43.89	5.44	783	27	18
	0.8	8.29	46.57	5.77	818	29	19
	0.9	8.6	49.58	6.14	850	31	20
	1	8.91	53.22	6.59	886	33	20
	1.1	9.22	57.24	7.09	918	35	21
	1.2	9.53	61.67	7.64	947	37	22
	0	6.06	29.33	3.63	538	15	15
	0.3	7.02	37.41	4.63	659	20	17
	0.4	7.34	39.33	4.87	679	21	17
	0.5	7.66	41.38	5.12	732	23	18
	0.6	7.98	43.6	5.4	770	25	19
450	0.7	8.3	45.94	5.69	806	27	19
	0.8	8.62	48.74	6.03	841	29	20
	0.9	8.94	51.92	6.43	873	31	20
	1	9.26	55.77	6.9	906	33	21
	1.1	9.58	59.96	7.42	938	35	22
	1.2	9.9	64.6	8	967	37	22

（续表）

体重 （千克）	日增重 （千克/天）	干物质 （千克/天）	综合净能 （兆焦）	肉牛能量 单位 （RND）	粗蛋白质 （克/天）	钙 （克/天）	磷 （克/天）
	0	6.31	30.63	3.79	560	16	16
	0.3	7.3	39.08	4.84	681	20	17
	0.4	7.63	41.09	5.09	719	22	18
	0.5	7.96	43.26	5.35	754	24	19
	0.6	8.29	45.61	5.64	789	25	19
475	0.7	8.61	48.03	5.94	825	27	20
	0.8	8.94	51	6.31	860	29	20
	0.9	9.27	54.31	6.72	892	31	21
	1	9.6	58.32	7.22	928	33	21
	1.1	9.93	62.76	7.77	957	35	22
	1.2	10.26	67.61	8.37	989	36	23
	0	6.56	31.92	3.95	582	16	16
	0.3	7.58	40.71	5.04	700	21	18
	0.4	7.91	42.84	5.3	738	22	19
	0.5	8.25	45.1	5.58	776	24	19
	0.6	8.59	47.53	5.88	811	26	20
500	0.7	8.93	50.08	6.2	847	27	20
	0.8	9.27	53.18	6.58	882	29	21
	0.9	9.61	56.65	7.01	912	31	21
	1	9.94	60.88	7.53	947	33	22
	1.1	10.28	65.48	8.1	979	34	23
	1.2	10.62	70.54	8.73	1011	36	23

表6-3　妊娠母牛营养需要（2004）

体重（千克）	妊娠月份	干物质（千克/天）	综合净能（兆焦/天）	肉牛能量单位（RND）	粗蛋白质（克/天）	钙（克/天）	磷（克/天）
300	6	6.32	22.60	2.80	409	14	12
	7	6.43	25.12	3.11	477	16	12
	8	6.60	28.26	3.50	587	18	13
	9	6.77	32.05	3.97	735	20	13
350	6	6.86	25.19	3.12	449	16	13
	7	6.98	27.87	3.45	517	18	14
	8	7.15	31.24	3.87	627	20	15
	9	7.32	35.30	4.37	775	22	15
400	6	7.39	27.69	3.43	488	18	15
	7	7.51	30.56	3.78	556	20	16
	8	7.68	34.13	4.23	666	22	16
	9	7.84	38.47	4.76	814	24	17
450	6	7.90	30.12	3.73	526	20	17
	7	8.02	33.15	4.11	594	22	18
	8	8.19	36.99	4.58	704	24	18
	9	8.36	41.58	5.15	852	27	19
500	6	8.40	32.51	4.03	563	22	19
	7	8.52	35.72	4.42	631	24	19
	8	8.69	39.76	4.92	741	26	20
	9	8.86	44.62	5.53	889	29	21
550	6	8.89	34.83	4.31	599	24	20
	7	9.00	38.23	4.73	667	26	21
	8	9.17	42.47	5.26	777	29	22
	9	9.34	47.61	5.90	925	31	23

表6-4 哺乳母牛营养需要（2004）

体重 （千克）	干物质 （千克/天）	综合净能 （兆焦/天）	肉牛能量 单位 （RND）	粗蛋白质 （克/天）	钙 （克/天）	磷 （克/天）
300	4.47	2.36	19.04	332	10	10
350	5.02	2.65	21.38	372	12	12
400	5.55	2.93	23.64	411	13	13
450	6.06	3.20	25.82	522	15	15
500	6.56	3.46	27.91	486	16	16
550	7.04	3.72	30.04	522	18	18

第二节　常用饲料

牛的常用饲料包括干草、青贮饲料、秸秆、糟粕、块根、精饲料和添加剂等。

一、分类

常用有很多分类方法，其中较常用的有根据饲料的国际分类原则分类和根据生产实践分类两种方法。

（一）根据国际分类原则分类

根据饲料的国际分类原则，所有饲料可分为八大类。

（1）粗饲料　粗纤维不低于18%，能量价值低的饲料都属于此类。包括豆科、禾本科牧草、秸秆、秕壳等。

（2）青绿饲料　含水量高（60%以上），粗纤维比第一类少，某些维生素含量较高，粗蛋白质按干物质计，含量也较高。如天然牧草、栽培牧草、青刈饲料作物。

（3）青贮饲料　含水量在45%~50%，经过可贮藏处理的饲料均属此类。如玉米秸秆青贮、玉米全株青贮。

（4）能量饲料　粗蛋白质低于20%，粗纤维低于18%的饲料都包括在这一类中。例如谷类及其加工副产品（玉米、麸皮）、块根块茎、糖蜜等。

（5）蛋白质饲料 粗蛋白质不低于20%，粗纤维低于18%的饲料都属于这一类。如鱼粉、肉粉、豆类、油籽及其饼粕等。

（6）矿物质饲料 如食盐、磷酸氢钙、石粉等。

（7）维生素饲料 指单项维生素、复合维生素等。

（8）添加剂 主要指非营养性添加剂。

（二）根据生产实践分类

在生产中，人们习惯将牛的饲料分为粗饲料和精饲料。

（1）粗饲料 指容积大，能够使牛产生饱感的饲料。包括国际饲料分类中的粗饲料、青绿饲料、青贮饲料。牛场四季常用粗饲料主要有青贮饲料、青干草。

（2）精饲料 严格来讲应该叫精料补充料，是指容积小、含营养成分（如能量、蛋白质等）高的饲料，包括单一的饲料原料，也包括由单一饲料原料按比例配制而成的配合饲料。国际饲料分类中的能量饲料、蛋白质饲料、矿物质饲料、维生素饲料、添加剂都属此类。

二、粗饲料

（一）青贮饲料

青贮饲料是牛场最为主要的粗饲料来源，它是将新鲜的天然植物性饲料（青刈玉米、苜蓿、收获籽实后的玉米秸和各种藤蔓等）切碎、压实、封严，隔绝空气，经微生物（主要是乳酸菌）的发酵作用，制成一种具有乳酸气味、适口性好、营养丰富的饲料。

1. 青贮饲料的主要特点

（1）青贮饲料能有效保存青绿植物的养分 一般青绿植物，在成熟晒干之后，营养价值降低约30%~50%，但青贮后只降低3%~10%，可基本保持饲料原料青饲料的特点。青贮饲料尤其能有效地保存青绿植物中蛋白质和维生素（胡萝卜素）。

（2）青贮饲料适口性好，消化率高 青贮饲料气味酸香，柔软多汁，颜色黄绿，适口性好，可作为日粮的一部分或日粮中唯一的粗饲料。青贮过程中，由于乳酸菌的作用，将青贮原料所含的部分蛋白质转化为菌体蛋白，使菌体蛋白含量增加 20%~30%，使青贮饲料蛋白质质量提高，同时由于秸秆变软、变熟，增进了食欲，提高了采食量和消化率。

(3) 青贮饲料可以长期贮存不变质　在我国北方，只要青贮方法正确，原料优良，青贮设施不漏气、不渗水，并且管理严格，青贮饲料可贮存 20~30 年，其优良品质保持不变。有足量的青贮饲料，就能保证牛常年都能采食青绿多汁饲料，从而能常年保持较高的营养水平和生产水平。

(4) 青贮饲料占地少，节省空间　青贮饲料单位容积存储量比干草大，可节省存放空间。1 米^3 青贮料重量为 450~700 千克，其中含干物质为 150 千克，而 1 米^3 干草重量仅 70 千克，含干物质不到 60 千克。1 吨青贮苜蓿占地 1.25 米^3，而 1 吨苜蓿干草则占地 13.3~13.5 米^3。在存储过程中，青贮饲料不受风吹、日晒、雨淋的影响，也不会发生火灾等事故。

2. 青贮饲料的原理

利用乳酸菌等微生物的生命活动，通过厌氧呼吸过程，将青贮原料中的碳水化合物（主要是糖类）变成有机酸（主要是乳酸），使青饲料的 pH 值降到 4.0~4.2，杀灭或抑制了其他有害杂菌的活动，抑制了有害细菌的生长，乳酸不断积累，使酸度进一步增强，pH 值达到 3.8 以下，乳酸菌本身活动也被抑制，从而达到长期贮存饲料的目的。

3. 青贮饲料原料及选择

(1) 青贮饲料原料的种类　青贮饲料的原料来源广泛，除了专门种植的青贮玉米、青贮高粱等作物外，栽培牧草、野草、农作物秸秆、块根块茎等也可进行青贮。目前北方肉牛场常用的青贮原料为青玉米秸秆，条件好的牛场已使用全株玉米青贮，如廊坊地区的文安县北方田园农牧发展有限公司牛场。

(2) 青贮饲料原料的选择　能否正确选择青贮原料，关系到青贮饲料制作的成败及青贮饲料的品质。青贮饲料原料的选择应因地制宜、因时制宜，但总的来说应遵循以下原则。

① 适量的碳水化合物。碳水化合物是乳酸菌作用的主要养分来源，青贮原料中含糖量为 1.0%~1.5%，否则影响乳酸菌的正常繁殖，青贮饲料的品质难以保证。用含碳水化合物较多的原料如青玉米秸、青高粱秸、甘薯蔓等进行青贮效果较好；而含蛋白质较多、碳水化合物较少的青豆秸等青贮时，须添加 5%~10% 的富含碳水化合物的饲料，以保证青贮饲料的品质。

② 适量的水分。青贮原料水分不足，青贮时难以压实，空气排不净时往往使腐败菌和霉菌大量繁殖，青贮设施内温度升高，养分损失较多。一般青贮原料含水量应在 65%~75%，即粉碎后原料攥于手中，有水渗出但不形成水滴为宜；原料粗老时不宜青贮，若要青贮须加水使水分含量提高至 78%~82%。

4. 青贮的方式

目前，牛场常用青贮方式主要有以下 3 种。

（1）地下青贮　青贮窖主要在地下（图 6-1）。优点是技术上易操作、好压实，缺点是取用费力，费工时，浪费人力，雨季易灌水造成青贮腐败浪费，甚至造成青贮窖坍塌。

图 6-1　地下青贮

（2）半地下青贮　青贮窖一部分在地下，一部分在地上。优缺点与地下青贮基本相同。

（3）地上青贮 青贮窖或场在地面之上（图6-2）。优点是取用省力，雨季不易灌水，浪费少；青贮场只需打一坚实地面即可，造价较低，且经久耐用。缺点是不方便压实。目前，发达国家几乎全部采用的是地面场式青贮，我国也逐渐得到推广。

图6-2 地上青贮

（4）拉伸膜裹包青贮或袋贮 方法是将青贮原料用打捆机打好捆，然后用青贮专用膜或青—贮裹包网包好；贮量大应选大的打捆机和裹包网包贮。此方法特点是方便存放（图6-3），但成本较高。此方法在美国、欧洲及日本等发达国家或地区使用较广泛。袋贮是用特制的袋子进行青贮。

图6-3 拉伸膜裹包青贮

5. 青贮的制作

（1）青贮饲料的制作 青贮饲料制作成功的关键是要切碎、压实、密封，以最短时间完成整个青贮过程，隔断青贮原料与空气的接触，快速为乳酸菌发酵创造一个厌氧环境。

①切短青贮原料：青贮原料如果是全株玉米或玉米秸，应切成1厘米左右，最长不超过2厘米；白薯秧应铡成5~10厘米。将青贮原料铡短，便于充分压紧、排出空气，取用比较方便，同时也提高了青贮饲料的利用率。

②原料的装填：装填原料的速度要快，时间过长，原料与空气接触，嗜氧菌滋生，使原料发热，手伸入其中会感觉烫手，这是原料中营养被消耗流失的过程，所以完成整个青贮过程的时间越短越好。最好1~2天内将全部原料装在窖内并封好，最多不要超过3~4天。装填时应采用逐层分段摊平压实的方法。每层都要将原料压实，以减少与空气接触的时间，保证其质量。装料前，要保证窖底和四壁不漏气。需要再次强调的是：装填超过1天的青贮窖，必须进行分段装填压实，而且是装满一段封严一段。目的在于尽可能减少原料与空气的接触面和时间，防止嗜氧菌滋生，使原料发热，造成营养的过多流失或腐败。

③压实：将青贮料压实，是保证青贮饲料质量的重要一环。大型青贮窖最好用履带式拖拉机或大型铲车压实，每装入30~50厘米厚的原料就要压一次。小型青贮窖可用人工踏实，每装入10~15厘米厚踏一次。要特别注意窖边、角部位的压实（图6-4）。

图6-4　青贮压实过程

④封埋：将青贮原料装满窖后，在原料上面盖上一层碎草，在碎草上面铺盖塑料布后盖土封埋。盖土的厚度要根据气温而定，北方要适当厚些，盖土后要踩实，以防止漏气。在窖的四周还应挖

排水沟，以利排水。封土后3～5天饲料下沉，盖土会出现裂缝或凹坑，应及时覆盖新土以填补，大约30天后便可开窖使用。对于地上青贮，也可利用塑料布和废旧轮胎来封盖（图6-5）。

图6-5　地上青贮的封盖

（2）青贮过程中应注意的问题

① 青储窖要注意边角的压实。

② 要注意防水。一是青贮周围必须要封严，要便于走水，防止雨水顺边缝灌水。二是青贮封顶后必须是顶部平滑，防止积水渗漏。

6. 青贮饲料的品质鉴定

（1）感官鉴定　青贮料的感官评定是从色、香、味和质地结构来决定它的品质。

① 优良：颜色呈黄绿色或青绿色，有光泽；气味芳香，酸味较浓；表面湿润、紧密，茎叶花保持原状，容易分离。

② 中等：颜色呈黄褐色或暗褐色；有刺鼻酸味，香味很淡；茎叶花部分保持原状、质地柔软，水分较多。

③ 劣等：颜色呈黑色或褐色；具有特殊刺鼻腐臭味或霉味，酸味很淡；腐烂呈污泥状，黏滑结块，无结构。

（2）实验室鉴定　青贮料实验室评定的项目，可根据需要而定，一般先测定pH值、氨量，进一步测定其各种有机酸和营养成分含量。

① pH 值：优良青贮料为 4.0~4.5，中等质量青贮料为 4.6~5.0，劣等青贮料为 5 以上。

② 含酸量：优良的青贮料中游离酸约占 2%，其中乳酸占 1/3~1/2，醋酸占 1/3，不含酪酸；劣等的青贮料含有酪酸，具恶臭味。

③ 氨态氮：正常青贮料中蛋白质只分解至氨基酸，氨存在则表示有腐败现象，氨态氮的含量越高，青贮饲料的品质就越差。

7. 青贮饲料的取用

取用青贮饲料应分段开窖，从上到下，垂直取用，界面要整齐（图 6-6），每天取用厚度不少于 20 厘米，如有条件，可以用青贮取料机取用（图 6-7），但要防止界面不整，坑洼不平（图 6-8），坚决杜绝挖坑、掏洞。取后应立即用塑料薄膜压紧，减少空气接触，防止"二次发酵"。

图 6-6　青贮取料面整齐

饲喂青贮时，喂量由少至多，现取现喂，喂多少，取多少。青贮饲料饲喂时应讲究与青干草和精料搭配使用，有条件的牛场可与精料、干草混在一起做成全混合日粮饲喂。发霉、有异味的青贮饲料不允许饲喂牛。

（二）干草

干草是指以细茎的青草或其他青绿饲料植物在结籽之前收割其全部茎叶，经自然或人工干燥而制成的一类饲料。由于其是由青绿植物制成，在形成干草后仍保留一定青绿颜色，故又称为青干草。

图 6-7 青贮取料机

图 6-8 取料面不平整

优质青干草颜色青绿、质地柔软、有芳香味、适口性好，是牛最重要的饲草。

1. 常用的干草饲料的特点

粗饲料中以（青）干草的营养价值最高，粗蛋白质、粗纤维、胡萝卜素、维生素 D、维生素 E 及矿物质含量丰富。豆科干草含粗蛋白质为 10%~22%，禾本科干草为 6%~10%，而且消化率高，豆科干草含钙量较高为 1.5% 左右，禾本科干草含钙量仅为 0.2%~0.4%，各种干草的含磷量为 0.15%~0.3%。干草的营养价值取决于制作原料的植物种类、生长阶段与调制技术。就原料而言，由豆科植物制成的干草含有较多的粗蛋白质。而在能量价值方面，豆科草、禾本科草之间没有显著的差别，消化能约在 10 兆焦/千克左右。就生长阶段而言，一般随着草的成熟其营养价值降低。拔节前的禾本科牧草和开花初期的豆科草收割、晒制后营养价值较高；草籽成熟后晒制的质量最低，营养价值约相当于农作物的秸秆。目前，干草中最常用的是苜蓿干草和羊草。

（1）苜蓿干草 优质的苜蓿干草颜色深绿，保留大量的叶、嫩枝和花蕾，而且具有特殊的清香气味，适口性好，既能满足高产牛日粮营养的需要，又能保证维持瘤胃正常机能所需最低限度的纤维。据测定，国内优质苜蓿干草中含粗蛋白质 19.1%、粗纤维22.7%、钙 1.40%、磷 0.51%、产奶净能 4.83 兆焦/千克。目前，国内苜蓿优质率较低，多数饲喂苜蓿的牛场都是采购的进口苜蓿，但进口苜蓿价格较高。

（2）羊草干草 目前牛场所用羊草多为东北羊草，东北羊草质量较好。据测定，东北羊草干草中含粗蛋白质 7.4%、粗纤维29.4%、钙 0.37%、磷 0.18%、产奶净能 4.23%。适量饲喂羊草干草有助于维持瘤胃正常机能，一般每头牛每天可饲喂羊草干草 5~10 千克。

2. 干草的品质鉴定

干草品质的好坏，直接影响干草的营养价值和牛的采食量。在选用干草前，需要对干草的品质进行鉴定。在生产实践中，我们一般通过外观特征评定和实验室检测对干草进行品质鉴定。

（1）外观特征评定 主要是通过干草的植物组成、颜色、气味、含叶量、含水量来对干草品质进行评定，详见表6-5。

表6-5 干草品质鉴定标准

干草样品		一等草	二等草	三等草	四等草	五等草
植物组成（%）	豆科	≥20	15~19	10~14	5~9	≤4
	禾本科	≥60	40~59	20~39	10~19	≤9
	莎草科	≤1	2~3	4~5	6~7	≥8
	杂草类	≤1	3	5	7	≥9
	毒害草	≤0.1	0.3	0.5	0.7	≥1

（续表）

干草样品	一等草	二等草	三等草	四等草	五等草
颜色	鲜绿色	灰绿色	黄绿色	黄色	褐色
气味	芳香味	草味	无味	淡霉味	腐霉味
含叶量（%）	50~60	30~49	20~29	6~19	≤5
含水量（%）	15~16	17~18	19~20	21~22	23~25

（2）实验室测定　主要测定干草的化学组成，包括干物质含量（DM）、粗蛋白质（CP）、粗脂肪（EE）、粗纤维（CF）、无氮浸出物（NFE）、粗灰分（CA）、中性洗涤纤维（NDF）、酸性洗涤纤维（ADF）和矿物质含量（钙、磷）等。利用饲料成分含量进而推算出可消化干物质（DDM）、干物质采食量（DMI）以及相对饲用价值（RFV），干草的相对饲用价值越高，说明干草的品质越好。

几种常用干草的相对饲用价值见表6-6。

可消化干物质 DDM（%）= 88.9-0.779ADF

干物质采食量 DMI（%）= 120/NDF

相对饲用价值 RFV（%）=（DDM×DMI）/1.29

表6-6　几种常用干草的相对饲用价值

干草	干物质（DM）（%）	中性洗涤纤维（NDF）（%）	酸性洗涤纤维（ADF）（%）	可消化干物质（DDM）（%）	干物质采食量（DMI）（%）	相对饲用价值（RFV）（%）
国产苜蓿	91.46	60.34	44.66	54.11	1.99	83.47
羊草	92.96	70.74	42.64	55.68	1.69	72.95
玉米秸	91.64	79.48	53.24	47.43	1.51	55.51
小麦秸	94.45	78.03	72.63	32.32	1.53	38.33
谷草	90.66	74.81	50.78	49.34	1.60	61.20

3. 主要饲草的分布

饲草分布基本上以野生原种产地为轴心向周围辐射，辐射范围大小取决于自身对环境和土壤的适应能力、引种栽培历史、社会经济条件、生产技术水平和社会需求等因素。常用饲草中，紫花苜蓿起源于伊朗，已广泛传播于世界各地的温带气候区。我国有 2000 多年的栽培历史，由于气候条件适宜，西北、东北、华北等地区都有种植，尤其甘肃地区气候条件更为适宜。目前苜蓿的主要来源一是进口，主要来自美国和加拿大，2013 年进口量达 75 万吨；二是国产，主要产自内蒙古、河北、天津、北京、辽宁、山西、宁夏、甘肃、黑龙江、安徽、山东、陕西、河南等省、市、自治区，2013 年全国苜蓿产量已超过 80 万吨，苜蓿的种植面积还在不断扩大。羊草主要分布在黑龙江、吉林、辽宁三省及内蒙古东部。

（三）青绿饲料

青绿饲料是指天然水分含量在 60%以上的新鲜饲草，以富含叶绿素而得名，包括草地青草、田间杂草、天然牧草、栽培牧草、青饲作物、叶菜类饲料、树枝树叶类及瓜果类。青绿饲料能较好地被牛利用，且品种齐全，具有来源广、成本低、采集方便、加工简单、营养全面等优点。

1. 青绿饲料的营养特点

青绿饲料粗蛋白质含量较高，品质优良，尤其含有对泌乳家畜特别有利的叶绿蛋白；粗纤维含量低，为 15%~30%；木质素少，无氮浸出物较高，为 40%~50%；钙磷比例适宜，约为 2：1；含有各种维生素，特别含有丰富的胡萝卜素（50~80 毫克/千克）、丰富的 B 族维生素以及较多的维生素 C、维生素 E、维生素 K 等；含有各种必需氨基酸，尤其赖氨酸和色氨酸含量较高，生物学价值高达 80%，对牛的生长、繁殖和增重都有良好的作用；青绿饲料幼嫩多汁，适口性好，含有各种酶和有机酸，易于消化，有机物消化率为 75%~85%，是牛的理想饲料。

2. 几种青绿饲料特性与利用

常用的青绿饲料主要有全株青贮玉米、紫花苜蓿、羊草、黑麦草、青贮玉米等青饲作物。

（1）全株青贮玉米 传统意义上的全株青贮玉米是以生产鲜

秸秆为主，为牛重在提供的是粗纤维饲料；而现在理念上的全株青贮是以收获干物质和能量为主，理念上的更新，使得人们在全株青贮玉米品种的选择、收获期方面有了很大的不同。

① 品种的选择。全株青贮玉米品种很多，有进口的、有国产的，共有几十种，如何选择优秀的品种，应重点从以下几方面考虑。

a. 籽粒产量高。因为全株青贮玉米的能量 65% 来自于籽粒，一个好的青贮品种必须是一个好的粮食（谷粒）品种，但不是每个好的粮食品种都是好的青贮品种。

b. 全株干物质产量高。选择植株高的，一般 2.5~3.5 米，最高可达 4 米，中等地力条件下一般全株产量 3~4 吨；普通籽实用玉米只有 2.5~3.0 吨。

c. 抗倒伏能力强。平均倒折率 ≤10%，倒伏率高会造成产量下降。

d. 对当地常见病虫害具有较好抗病力。

e. 品质的选择。重点选择蛋白质、脂肪、淀粉、可消化粗纤维含量高的品种。

② 收获期。过去认为，全株青贮玉米在籽粒乳熟末期至蜡熟前期收获最佳；现在认为在蜡熟期收获最好，主要目的是使籽粒沉积更多的淀粉增加全株玉米干物质收获量。实际当中玉米籽粒乳线或是掐不动部分达到 3/4~2/3 时收获最好，如图 6-9 中的 R5，此时全株干物质含量一般可达 35% 以上。乳线是指灌浆完成和没完成部分的交线，见图 6-9，籽粒乳线达 1/2 以上时，需用可把籽粒撵碎的专用收割设备，如果设备达不到要求，收割期可以适当提前，一般乳线达到 1/3 以上就可收割，这时全株干物质一般可达到 28% 以上。由于全株玉米青贮是带穗青贮，为了防止大段玉米出现，收割时要尽可能切碎切短，长度尽可能设定在 1 厘米以下。

③ 青贮玉米的种植技术

a. 播种时间：分春播和夏播，春播分早、中、晚熟品种，生长期分别为 80~100 天、100~120 天、120~150 天，对应的积温依

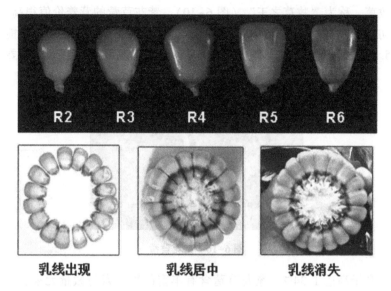

乳线出现　　　乳线居中　　　乳线消失

图6-9　玉米乳线示意

次为2 000~2 300℃、2 300~2 500℃、2 500~2 800℃。夏播也分早、中、晚熟品种，生长期分别为70~85天、85~95天、96天以上，对应的积温依次为1 800~2 100℃、2 100~2 300℃、2 300℃以上。

b. 种植方法：进行深松，增强土壤蓄水保墒的能力。土壤深松的特点是不翻转土壤，打乱耕作层，只对土壤起到松动作用。播前旋耕，提高出苗率；有机质含量丰富的地块有利于获得高产。

c. 播种量：若采用精量点播机播种，播种量为2~2.5千克/亩，若采用人工播种，播种量为2.5~3.5千克/亩。

d. 种植密度：合理密植有利于高产，每亩一般在4 000~6 000株，不同品种有所差异。

e. 田间管理：与大田作物管理方法相同，需要进行浇水、除草、间苗、施肥及中耕等。

（2）紫花苜蓿　为豆科牧草，是我国最古老、最重要的栽培牧草之一，其特点是产量高，品质好，适应性强，是最经济的栽培牧草，称为"牧草之王"（图6-10）。紫花苜蓿的营养价值很高，初花期收割，干物质中粗蛋白质含量为20%~22%，产奶净能5.4~6.3兆焦/千克，钙3.0%，而且必需氨基酸组成合理，赖氨

图6-10　紫花苜蓿

酸含量高达1.34%。紫花苜蓿含有丰富的维生素与微量元素，其中含胡萝卜素可达161毫克/千克。紫花苜蓿的营养价值与刈割时期的选择有很大关系，刈割时期应根据产量、叶茎比、总可消化物质含量、对再生草的影响、及单位面积获得的总的营养物质产量等因素来选择。大量研究表明，紫花苜蓿的最适刈割期是在第1朵花出现至1/10开花。蕾前或现蕾期刈割，蛋白质含量高，但产量较低，且根部养分蓄积少，影响再生能力。紫花苜蓿为再生性很强的多年生牧草，在华北地区能刈割3~4茬，而山西在有灌水条件下能刈割4~5茬，南京可刈割5~6茬。在国外水肥条件好、气候适宜有10茬的记录，在中国第一茬产量高，占总产量的50%~55%，第二茬占20%~25%，第三茬占10%~15%，第四茬在10%左右；其利用年限一般在4~5年，以第3~4年产草量最高。紫花苜蓿的利用方式有多种，可青饲、放牧、调制干草或青贮。

苜蓿等豆科牧草含有皂角素，有抑制酶的作用，牛大量采食鲜嫩苜蓿后，可在瘤胃内形成大量泡沫样物质，引起膨胀。在饲喂鲜苜蓿前喂以干草，鲜苜蓿上露水未干不进行饲喂。

（3）羊草　又名碱草（图6-11），为多年生禾本科牧草。羊

草茎秆细嫩，叶量丰富，适口性好，为各种家畜喜食。干物质中粗蛋白质的含量为 13.5%~18.5%，无氮浸出物为 22.6%~44.5%。羊草可用于青饲、放牧、青贮、调制干草。用羊草调制的干草、颜色浓绿，气味芳香，是牛冬季的优质饲草。成年牛饲喂鲜羊草每天不超过 15 千克。

图 6-11　羊草

（4）黑麦草　黑麦草（图 6-12）属有 20 多种，其中有饲用价值的是多年生黑麦草和一年生黑麦草，我国南北方均有种植。饲用黑麦草生长快，分蘖多，一年可多次收割，叶量大，产量高，草质幼嫩多汁，适口性好，可青饲、放牧或调制干草。新鲜黑麦草干物质含量约 17%，粗蛋白质 2.0%，产奶净能为 1.26 兆焦/千克。

图 6-12　黑麦草

（5）无芒雀麦　又叫无芒草，禾萱草，适应性强，适口性好，茎少叶多，营养价值高，抽穗期茎叶干物质含粗蛋白质 16.0%，粗脂肪 6.3%，粗纤维 30.0%，无氮浸出物 44.7%，粗灰分 7.0%，还有丰富的钙磷成分。无芒雀麦有地下茎，能形成絮节草皮，耐践踏，再生力强，青饲或放牧均可。

（6）大麦　别名牟麦、饭麦、赤膊麦（图 6-13），禾本科、大麦属一年生禾本、秆粗壮，光滑无毛，直立，叶鞘松弛抱茎，多无毛或基部具柔毛；两侧有两披针形叶耳；叶舌膜质，具坚果香味，碳水化合物含量较高，蛋白质、钙、磷含量中等，其籽粒的粗蛋白和可消化纤维均高于玉米。大麦具有早熟、耐旱、耐盐、耐低温冷凉、耐瘠薄等特点，我国各地都有种植，籽实主要做啤酒用。在欧洲、北美等发达国家和澳大利亚，都把大麦作为牲畜的主要饲料，大麦在灌浆期收割可做青贮用，也可调制成干草用。

图 6-13　大麦

（7）草木樨　草木樨属全世界约有 20 种，分布于北半球的温带或亚热带，我国有 6 种，在北方以种植白花草木樨为主，它是一种优良的豆科牧草。白花草木樨适应性很强，耐旱、耐寒、耐盐碱、耐贫瘠，可改良土壤。白花草木樨营养价值较高，可青饲、调制干草、放牧或青贮。新鲜的草木樨，干物质含量约为 16.4%，粗蛋白质 3.8%，粗纤维 4.1%，钙 0.22%，磷 0.06%。白花草木樨含有较高的香豆素，有苦味，适口性差。若贮存不当，发霉后，香豆素会变为双香豆素（出血素），其结构与维生素 K 相似，二者具有拮抗作用。牛采食了霉烂草木樨后，遇到内外创伤，血液不易凝固，有时会因出血过多而死亡。减喂、混喂、轮换喂可防止出血症的发生。

（8）杂草 指田间地头或山上生长的野草，其种类繁多，营养多样，含水量较高，平时不为人们所注意，在饲养中可以适当利用。杂草可以青饲也可以调制成干草使用，但需要注意的是，使用前应将其中有毒有害的植物清除，青饲时喂量不宜过大，饲喂后应观察牛的反应。

3. 使用青饲料注意事项

（1）合理饲喂 当日粮由其他草更换为青草时须有 7~10 天的过渡期，即每天逐渐增加青草饲喂量，不要突然大幅更换，否则容易造成牛拉稀，甚至引起臌胀，造成死亡，建议在饲喂青绿饲料前应先喂一定量的干草。鲜草饲喂量按干物质折算，每天不能超过日粮干物质的 20%。

（2）妥善保管 收割后的牧草不能堆置，应摊开晾晒，厚度应小于 20 厘米，以免发热霉变，暂时吃不完的要调制成干草。

（3）营养平衡 青饲料的营养价值受土肥、收获期、气候等因素的影响。土壤地区性缺乏微量元素会使青饲料中缺乏而造成某些微量元素缺乏症，如内陆地区土壤缺碘易引起牛甲状腺肿，又如东北土壤缺硒易引起白肌病；收获过晚，粗纤维含量高，消化率下降；多雨地区土壤受冲刷钙质易流失，饲料中钙含量低；所以应当注意使用青饲料的营养平衡，适时收割，并有针对性的在饲料中补充矿物质饲料及微量元素添加剂。

三、精饲料

（一）能量饲料

1. 谷类籽实

谷类籽实干物质中 70%~80% 为无氮浸出物（主要是淀粉），粗纤维含量在 6% 以下，粗蛋白质含量在 10% 左右，蛋白质品质不高；脂肪含量少，一般为 2%~5%，钙的含量少，有机磷含量多，主要以磷酸盐形式存在，均不易吸收。谷类籽实含有丰富的维生素 B_1 和维生素 E，但均缺乏维生素 D。谷类籽实的适口性好，易消化，易保存。

（1）玉米　玉米是牛的主要能量饲料，号称饲料之王。它有如下特点：第一，有效能值高。玉米的产奶净能是 8.10 兆焦/千克，在谷实饲料中为最高。玉米的粗纤维很少，仅 2%，而无氮浸出物高达 72%，其有机物质消化率达 90%。玉米的粗脂肪含量较高，在 3.5%~4.5%，是小麦和大麦的 2 倍，而粗脂肪的热能是碳水化合物的 2.25 倍。第二，玉米的亚油酸较高。亚油酸是必需脂肪酸，动物缺乏亚油酸时，生长受阻，皮肤病变，繁殖机能受到破坏，且亚油酸不能在动物体内合成，只能靠饲料提供。玉米含有 2% 的亚油酸，在谷实类饲料中含量最高。第三，玉米的蛋白质含量低，品质差。玉米的蛋白质含量较低，低于 10%，比小麦、大麦含量少，与高粱接近，其蛋白质中氨基酸组成不平衡，缺乏赖氨酸和色氨酸等必需氨基酸。第四，矿物质约 80% 存在于胚部，钙非常少，只有 0.02%，磷约含 0.25%。第五，脂溶性维生素中维生素 E 较多，约为 20 毫克/千克，维生素 D 和维生素 K 几乎没有，黄玉米中含有较高的胡萝卜素。水溶性维生素中含硫胺素较多，核黄素和烟酸含量则较少。玉米适口性好，能量高，可大量用于牛的精料补充料中，但最好与糠麸类饲料并用，以防积食和引起臌胀。饲喂玉米时，建议与豆类籽实搭配使用，以达到营养平衡。

（2）大麦　大麦是重要的谷物之一，全世界总量仅次于小麦、稻谷和玉米而居第四，作为食品的比例不高，半数用作饲料。大麦的蛋白质含量高于玉米，大麦赖氨酸含量接近玉米的 2 倍。大麦粗纤维含量高，为玉米的 2 倍左右，有效能值较低，产奶净能约为玉米的 82%。淀粉及糖类比玉米少，脂肪含量约 2%，为玉米的 50%，饱和脂肪酸含量比玉米高，亚油酸含量只有 0.78%。大麦所含的矿物质主要是钾和磷，其次为镁、钙及少量的铁、铜、锰、锌等。大麦含有丰富的 B 族维生素，包括维生素 B_1、维生素 B_2、维

生素 B_3 和维生素 B_6，维生素 B_5 含量较高，但利用率较低，只有 10%。脂溶性维生素 A、维生素 D、维生素 K 含量低，少量的维生素 E 存在于大麦的胚芽中。大麦含较多的粗纤维，质地疏松，是优良精饲料，用微波以及碱处理可提高消化率。

2. 糠麸类

糠麸类饲料是谷物的加工副产品，制米的副产品称为糠，制粉的副产品称作麸。糠麸类是畜禽的重要能量饲料原料，主要有小麦麸、米糠、玉米皮等，其中以小麦麸与米糠占主要位置。糠麸类饲料粗蛋白质含量为 10%~15%，介于豆类籽实与禾谷类籽实之间；粗纤维占 10%左右，比籽实稍高。糠麸类是 B 族维生素的良好来源，但缺乏维生素 D 和胡萝卜素。此外，这类饲料质地疏松，容积大，同籽实类搭配，可改善日粮的物理性状。

（1）小麦麸　小麦加工程度的不同，其副产品小麦麸的成分及营养价值也不同。出粉率越高，麸皮中的胚和胚乳的成分越少，麦麸的营养价值、能值及消化率则越低。小麦麸氨基酸组成较好，赖氨酸含量可达 0.6%左右。粗纤维含量较高，能值较低。含脂肪 4%左右，以不饱和脂肪酸居多，易变质生虫。B 族维生素及维生素 E 含量高，硫胺素达 3.5 毫克/千克，但维生素 A、维生素 D 的含量少。矿物质较丰富，钙磷比例不合理。小麦麸粗纤维含量高，质地疏松，容积大，具有倾泻性，可调节饲料的营养浓度，改善饲料的物理性状，是牛产前及产后的好饲料。

（2）米糠　米糠的粗蛋白质含量比麸皮低，比玉米高，品质也比玉米好，赖氨酸含量高达 0.55%。粗脂肪含量很高，可达 15%，约为小麦麸、玉米糠的 3 倍多，能值位于糠麸类饲料之首。其脂肪酸的组成多属不饱和脂肪酸，油酸和亚油酸占 79.2%。米糠富含维生素 E，B 族维生素含量也很高，但缺乏维生素 A、维生素 C、维生素 D。米糠粗灰分含量很高，但钙磷比例极不平衡，磷含量高。此外，米糠中锰、钾、镁较多。米糠中脂肪酶活性较高，长期贮存易引起脂肪变质。米糠由于脂肪含量较高，其用量不能超过日粮的 30%。

（二）蛋白质饲料

1. 豆类籽实

粗蛋白质含量非常高，占干物质的 20%~40%，为谷类籽实的 1~3 倍，而且蛋白质品质很好，蛋白质中赖氨酸、蛋氨酸等必需氨基酸的含量均多于谷类籽实。脂肪含量除大豆、花生含量高外，其他略低于谷类籽实。钙、磷含量比谷类籽实略多，但钙磷比例不理想，其胡萝卜素缺乏，无氮浸出物含量为 30%~50%，纤维素易消化。总营养价值与谷类籽实相似，可消化蛋白质较多，是牛重要的蛋白质饲料。在豆类籽实中，常用作饲料的为大豆。

大豆包括如黄豆、青豆、黑豆很多种，大豆籽实属于蛋白质和脂肪含量都高的蛋白质饲料，如黄豆的蛋白质含量分别为 37%，粗脂肪含量为 16.2%，而且大豆的蛋白质品质较好，赖氨酸含量较高，如黄豆的赖氨酸含量为 2.30%，缺点是蛋氨酸一类的含硫氨基酸不足。大豆脂肪含不饱和脂肪酸多，其中亚油酸（必需氨基酸）可占 55%，脂肪中还含有 1%的不皂化物。另外，还含有 1.8%~3.2%的磷脂类，具有乳化作用。碳水化合物含量不高，其中阿聚糖、半乳聚糖和半乳糖酸相结合而成黏性的半纤维素，存在于大豆细胞膜中，有碍消化。淀粉在大豆中含量甚微，为 0.4%~0.9%。矿物质中以钾、磷、钠居多，钙的含量高于谷实类。在维生素方面与谷实类相似，但维生素 B_1 和维生素 B_2 的含量略高于谷实类。生大豆含有一些有害物质或抗营养成分，如胰蛋白酶抑制因子、血细胞凝集素、致甲状腺肿物质等，他们影响饲料的适口性、消化性与动物的一些生理过程。但是这些有害成分中绝大部分不耐热，经湿热加工可使其丧失活性。将全脂大豆经焙炒、压扁、制粒等加热处理后饲喂牛，有良好的饲养效果。大豆含有丰富的高品质的蛋白质，是牛生长发育和泌乳的最好的蛋白质饲料。大豆蛋白质中含蛋氨酸、色氨酸、胱氨酸较少，饲喂时最好搭配禾谷类籽实。大豆的熟喂效果最好，熟大豆或膨化大豆因其所含的抗胰蛋白酶被破坏，故能增加适口性和提高蛋白质的消化率及利用率。特别应注意的是，生大豆不宜与尿素同用，因为生大豆中含有尿素酶，会使尿素分解。

2. 饼粕类

饼粕类饲料是榨油的副产品，油料作物籽实用压榨法榨油后的副产品叫"饼"，用浸提法提取油后的副产品叫"粕"。此类饲料常用作蛋白质补充饲料，是牛重要的蛋白质来源。饼粕类饲料的营养价值很高，其氨基酸组成较完全，苯丙氨酸、苏氨酸、组氨酸等含量较高，它还含有丰富的禾谷类籽实中所缺乏的赖氨酸、色氨酸、蛋氨酸。饼粕类饲料中可消化蛋白质含量 31.0%~40.8%，粗蛋白质的消化率、利用率均较高。一般经压榨法生产的饼粕类脂肪含量为 5% 左右。无氮浸出物占干物质的 22.9%~34.2%。粗纤维含量，加工时去壳者含 6%~7%，消化率高。饼粕类饲料含磷量比钙多，B 族维生素含量高，胡萝卜素含量很少。

(1) 大豆饼粕 大豆饼粕是饼粕类饲料中数量最多的一种，被广泛应用，脱壳大豆粕平均粗蛋白质含量在 48% 以上，未脱壳大豆粕粗蛋白质含量约 43%~44%，大豆饼其粗蛋白质含量较低，约为 42%，但是油脂含量较高，约为 4%~6%。大豆饼粕中必需氨基酸的含量在饼粕类饲料中含量最高，如赖氨酸含量达 2.5%~2.8%，赖氨酸和精氨酸的比例也较恰当，异亮氨酸含量高达 2.39%，是饼粕类饲料中最多者。大豆饼粕的适口性好，营养成分较全面。

(2) 棉籽饼粕 粗蛋白质含量仅次于大豆饼粕，但赖氨酸缺乏，蛋氨酸、色氨酸都高于大豆饼粕；含钙少，缺乏维生素 A、维生素 D。因此，棉籽饼粕的营养价值低于大豆饼粕，但高于禾谷类饲料。棉籽饼粕中含有棉酚，游离棉酚与氨基酸结合，对动物有害，但对瘤胃功能健全的成年牛影响小，只要维生素 A 不缺乏，不会产生中毒，对瘤胃尚未发育完善的犊牛，则极易引起中毒，因此饲喂犊牛时要先进行去毒处理。饲喂肉牛时要控制喂量，一般日喂量 1.5~4 千克，使用时要跟踪观察牛的反应，以防中毒。

(3) 棉籽 脂肪、蛋白质和纤维含量高，干物质含量 92%，其中含能量 2.32%、脂肪 20%、粗蛋白质 23%、中性洗涤纤维

49%。添加量视实际情况定，最高不超过 2 千克。

（4）菜籽饼粕　菜籽饼粕中可利用能量水平较低，蛋白质含量中等（34%~38%），适口性较差，其含有一种芥酸物质，在体内受芥子水解酶作用，形成异硫氰酸盐等有毒物质，可引起牛中毒。因此，应限量使用，日喂量 1 千克，犊牛和怀孕母牛最好不喂。喂用前，可采用坑埋法脱去菜籽饼粕中的毒素，即把菜籽饼加水 1 倍埋于地窖内，经 2 个月的自然慢性发酵，脱毒率可达 94%。

（5）花生饼粕　有带壳的和脱壳的两种。脱壳花生饼粕蛋白质含量高，营养价值与大豆饼粕相似，但它含有抑制胰蛋白酶因子，赖氨酸和蛋氨酸含量略少，磷的含量比大豆饼粕少；饲喂花生饼粕时，最好添加动物性饲料，以弥补上述缺点。花生饼粕中缺乏维生素 D 和胡萝卜素，但含尼克酸特别丰富。花生饼粕有香味，适口性好，但很容易感染黄曲霉，产生黄曲霉毒素。因此，在使用时，应注意其贮藏条件和饲喂量控制。

（6）向日葵饼粕　向日葵饼粕的营养价值主要取决于脱壳程度，完全脱壳时的向日葵饼粕营养价值很高。一般说来，向日葵饼粕粗蛋白质含量较低，为 28%~32%，氨基酸中赖氨酸含量不足，为 1.1%~1.2%，低于棉仁饼粕和花生饼粕，更低于大豆饼粕。如果脱油过程中加热过度，则赖氨酸损失更大，其营养价值显著降低。蛋氨酸的含量为 0.6%~0.7%，高于大豆饼粕、棉仁饼粕和花生饼粕。赖氨酸和蛋氨酸的消化率很高，与大豆饼粕相当。总的来说，其必需氨基酸含量低，赖氨酸含量不足，蛋氨酸含量较高。向日葵饼粕中胡萝卜素含量低，但 B 族维生素含量丰富，高于大豆饼粕。钙磷含量比一般饼粕类饲料高，微量元素中锌、铁、铜含量较高。向日葵饼粕适口性好，是良好的蛋白质饲料，对于牛的饲用价值较高，脱壳者效果与大豆饼粕不相上下，但含脂肪高的压榨饼采食太多，易造成乳脂及体脂变软。

（7）亚麻籽饼粕　亚麻籽饼粕粗蛋白含量为 32%~36%，其氨基酸组成不佳，赖氨酸和蛋氨酸含量均较低，赖氨酸为 1.12%，蛋氨酸为 0.45%，但精氨酸含量高，可达 3.0%左右。粗纤维含量较高，为 8%~10%，热能值较低。亚麻子饼粕中的胡萝卜素、维生素 D 和维生素 E 含量少，但 B 族维生素含量丰富。矿物质中钙、磷含量均较高，微量元素中硒的含量高，是优良的天然硒源之一。亚麻子饼粕中主要含有生氰糖苷，可引起氢氰酸中毒。亚麻籽饼粕是牛良好的蛋白质来源，适口性好，可提高产奶量。由于含有黏性胶质，可吸收大量水分而膨胀，从而使饲料在瘤胃中滞留时间延长，有利于微生物对饲料的消化，同时还具有润肠通便的效果，可当作抗便秘剂，在多汁性原料或粗饲料供应不足时，使用可不必担心胃肠功能失调问题。

（8）芝麻饼粕　芝麻饼粕的粗蛋白质含量较高，可达 40% 以上，其氨基酸组成一般，蛋氨酸含量高达 0.8% 以上，但赖氨酸缺乏，含量仅为 0.93%，而精氨酸含量很高，可达 3.97%。芝麻饼粕的粗纤维含量低，在 7% 以下。胡萝卜素、维生素 D 及维生素 E 含量低，B 族维生素含量较高。钙、磷、锌含量均高。

四、其他精粗饲料品种的利用

（一）块根块茎类饲料

1. 营养特点

块根块茎类饲料包括胡萝卜、甜菜、甘薯、马铃薯等。这类饲料水分含量高，体积大，适口性好，易消化，但干物质、能量、蛋白、钙等含量较少，其干物质营养浓度接近于精料。

块根块茎类饲料水分含量在 75% 以上，也叫多汁饲料，具有轻泻和调养作用，对泌乳牛还有催乳作用。干物质中富含淀粉和糖，有利于乳糖和乳脂的形成，由于其可溶性碳水化合物含量高，在瘤胃发酵速度快，所以喂量过多时会造成瘤胃 pH 值下降，消化功能紊乱，乳蛋白、乳脂肪下降。按干物质计算，每天最大喂量不超过日粮的 20%。

2. 几种常用的块根块茎类饲料

（1）甘薯　又名地瓜、红薯、白薯，是我国种植面积最广、产量最高的薯类作物。甘薯中干物质主要为淀粉和糖分，营养价值较高，是牛只良好的热能来源。甘薯适口性好，容易消化，对牛有促进消化和增加泌乳量的效果。据测定，甘薯含干物质25%、消化能3.83兆焦/千克、粗蛋白质1%、钙0.13%、磷0.05%。红色和黄色的甘薯含有大量胡萝卜素（每千克60~120毫克）。需要注意的是，黑斑病甘薯饲喂牛会引起中毒。

（2）胡萝卜　胡萝卜产量高、耐贮藏、适口性好，是牛喜食的多汁饲料。胡萝卜营养价值很高，含有蔗糖和果糖，胡萝卜素含量丰富（100~200毫克/千克），还含有大量钾盐、磷盐和铁盐，对生长和泌乳牛都有很好的作用，可增进牛食欲、提高繁殖机能。在干草和秸秆比重大的日粮中添加一些胡萝卜，可改善日粮口味，调节消化机能。饲喂胡萝卜一定要洗净、生喂，熟喂会破坏其营养成分，而且喂量不宜过大，成年母牛每天饲喂量不超过10千克。

（3）甜菜　甜菜是优良的多汁饲料，根据甜菜中干物质与糖分含量的不同，可分为饲用甜菜和糖用甜菜两种。饲用甜菜中干物质含量低，总营养价值不高，但对提高产奶量极为有效。糖用甜菜中干物质含量较高，而且富含糖分，一般不用做饲料而先用以制糖，然后用其副产品甜菜渣作为饲料。据测定，饲用甜菜中含营养成分大致为：干物质15%、消化能1.94兆焦/千克、粗纤维1.7%、钙0.06%、磷0.04%。在使用甜菜饲喂牛时应控制用量，饲喂过多会引起牛腹泻，饲用甜菜每天饲喂量不超过30千克。

（二）秸秆类饲料

秸秆类饲料是指各种农作物收获后的秸秆，如谷草、玉米秸、麦秸、稻草、豆秸等。

1. 营养特点

秸秆类饲料粗纤维含量高，一般在30%以上，蛋白质含量少，在8%以下，豆科作物秸秆比禾本科作物秸秆蛋白质含量略高。秸秆类饲料质地较粗硬，适口性差，牛不喜采食。

2. 几种常用的秸秆类饲料的合理利用

（1）玉米秸　玉米秸具有光滑外皮，质地坚硬。牛对玉米秸粗纤维的消化率在65%左右。据测定，玉米秸干物质中粗蛋白质含量为 6.5%，粗脂肪为 0.9%，粗纤维为 31.81%，其产奶净能为 4.22 兆焦/千克。玉米秸青绿时，胡萝卜素含量较高，为 3~7 毫克/千克。生育期短的春播玉米秸，比生长期长的春播玉米秸粗纤维少，易消化。同一株玉米，上部比下部的营养价值高，叶片比茎秆营养价值高，牛较为喜食。玉米梢的营养价值稍优于玉米芯，而和玉米苞叶的营养价值相仿。玉米秸的粗秆采食率低，但采用揉碎处理即可成为首选秸秆。目前，人们通常在收完玉米籽实后，趁玉米秸还青绿时收割做成青贮饲料。

（2）麦秸　麦秸的营养价值因品种、生长期的不同而有所不同。常用作饲料的有小麦秸、大麦秸和燕麦秸。小麦是我国仅次于水稻的粮食作物，其秸秆的数量在麦类秸秆中也最多。小麦秸粗纤维含量高，并含有硅酸盐和蜡质，适口性差，营养价值低。据测定，小麦秸的干物质粗蛋白质含量为 4.4%，粗脂肪为 0.6%，粗纤维为 38.3%，其产奶净能为 3.45 兆焦/千克。饲喂牛，经氨化或碱化处理后效果较好。大麦秸的产量比小麦秸要低得多，但适口性和粗蛋白质含量均较好些。据测定，大麦秸的粗蛋白质含量为 5.5%，粗脂肪为 1.8%，粗纤维为 44.7%。在麦类秸秆中，燕麦秸是饲用价值最好的一种，粗蛋白质含量为 7.5%，粗脂肪为 2.4%，粗纤维为 28.4%。

（3）谷草　粟的秸秆通称谷草，其质地柔软厚实，适口性好，营养价值高，可消化总养分均较麦秸、稻草为高。据测定，谷草的干物质中粗蛋白质含量为 5.0%，粗脂肪为 1.3%，粗纤维为 35.9%。

（三）糟渣类饲料

糟渣类饲料是食品和发酵工业的副产品，主要有啤酒糟、淀粉渣、豆腐渣、果渣、甜菜渣等。

1. 营养特点

糟渣类饲料含水量一般在 70%~90%，含有较多能量和蛋白质，体积大，适口性好，是调节牛食欲的良好饲料，饲喂恰当，可增加奶产量，改善母牛体况，减少配合料消耗量。

2. 几种常用的糟渣类饲料

（1）啤酒糟 啤酒糟是以大麦为原料，经发酵提取其籽实中部分可溶性碳水化合物酿造啤酒后的工业副产品，具有明显的催奶效果。其粗蛋白质含量相当丰富，占干物质的 1/4 左右；这类蛋白质经过发酵能增加菌体蛋白质而提高其生物学价值。无氮浸出物含量较低，为干物质的 1/3 左右。粗纤维含量高，适口性不佳，饲粮中可适当搭配其他饲料。每天可喂鲜啤酒糟 10~15 千克，饲喂时每天添加 150~200 克小苏打。

（2）甜菜渣 甜菜渣是制糖的副产品，是甜菜压榨提取糖液后的残渣，故残渣中不溶于水的物质大量存在，特别是粗纤维全部保留，是牛良好的多汁饲料。新鲜甜菜渣干物质约占 15%，营养价值低，主要成分为可溶性无氮物，粗蛋白质含量为 9.6%，脂肪含量少，含粗纤维较多，含钙极多、含磷少，适口性强。不能长期贮存，可干燥后贮存。甜菜渣含有大量游离的有机酸，喂量不宜过大，饲喂量可占饲料干物质的 30%。

（3）豆腐渣 新鲜豆腐渣含干物质不到 20%，含粗蛋白质 3.4% 左右，是喂牛的好饲料。由于豆腐渣含水分多，容易酸败，饲喂过量易使牛拉稀，而且维生素也较缺乏。因此，最好煮熟再喂，并搭配其他饲料，以提高其生物学价值。

（4）DDGS DDGS 是利用玉米酒精糟液，采用离心分离、真空吸滤、蒸发浓缩、混合干燥、造粒包装等先进工艺，生产的高蛋白质精饲料。DDGS 颜色越浅、气味越淡，营养价值越高，作为蛋白质饲料，合格的 DDGS 蛋白质含量高于 28%，优级品则高达 33% 以上，最大限度地保留了原谷物的蛋白质等营养成分，且由于酵母的发酵作用，使玉米中的植物性蛋白质转化为微生物蛋白质，使其更适合动物的营养需要；经发酵及其他加工处理后，DDGS 中有效磷含量大幅度提高，DDGS 已成为国内外饲料生产企业广泛应用的一种新型蛋白质饲料原料，可直接饲喂，但应搭配其他饲料，使用时应注意防霉。

（5）淀粉渣 淀粉渣是以豌豆、蚕豆、马铃薯、甘薯等为原料生产淀粉食品的残渣。由于原料的不同，其营养成分也有差异。鲜粉渣的含水量很高，可达80%~90%，因其中含有可溶性糖，易引起乳酸菌发酵而带酸味，pH值一般为4.0~4.6，存放时间愈长，酸度愈大，且易被霉菌和腐败菌污染而变质，丧失饲用价值。故用作饲料时需进行干燥处理，干粉渣的主要成分为无氮浸出物，粗纤维含量也较高，蛋白质、钙、磷含量都比较低。淀粉渣不宜单喂，最好和其他蛋白质饲料、维生素类等配合饲喂。

（6）苹果渣　苹果渣主要是罐头厂的下脚料，其中大部分是苹果皮、核及不适于食用的废果。其成分特点是无氮浸出物和粗纤维含量高，而蛋白质含量较低，并含有一定量的矿物质和丰富的维生素。鲜苹果渣可直接用来饲喂牛，也可晒干制粉后用作饲料原料。苹果渣营养丰富，适口性也好。此外，也可制成青贮料使用。

第三节　肉牛日粮配合技术

一、肉牛饲养标准

饲养标准是营养科学研究成果的精确概括，是饲养实践经验的科学总结，是科学试验的直接成果。最近出版的肉牛饲养标准是2004年版，其主要的技术指标包括营养需要量指标和饲料营养价值成分表指标。我国现行的肉牛饲养标准的能量体系为净能体系，即采用综合净能体系，现行肉牛饲养标准蛋白质需要采用小肠可消化粗蛋白质体系。

（一）能量

能量的作用是保证牛的新陈代谢，维持牛的日常生命活动。日粮中能量不足，就会导致肉牛减重，由体组织贮存的营养物质分解，释放能量来维持肉牛的生命活动。因此，在肉牛育肥过程中，一定要保证供给牛足够的能量。牛由于有瘤胃微生物的作用，可利用相当数量的粗饲料作为能量来源。肉牛对能量的需要，采用综合净能值计算肉牛净能需要，即维持净能和增质量净能的综合效率计算的综合净能，用肉牛能量单位（RND）来表示。1千克玉米的综合净能值是8.08兆焦，以其为1个RND，即1RND＝1千克饲料的综合净能值为8.08兆焦。采用综合净能值把维持净能和增质量净能结合起来综合评定，便于计算和在生产中推广应用。

（二）蛋白质

蛋白质是一切生物体细胞的基本成分。肉牛需要蛋白质先是补充机体组织的损耗，如毛发、角、蹄的生长，酶和激素的合成等，其次才是用于增重。由于一般的青干草和秸秆类含蛋白质较少，在肉牛育肥阶段需补充蛋白质饲料或非蛋白氮。肉牛对蛋白质的需要，用小肠可消化粗蛋白质表示蛋白质需要量，将小肠可消化粗蛋白质分为维持需要和增重需要，但为便于应用，将日粮粗蛋白质需要量同时列于需要量表中。

（三）矿物质

矿物质占家畜体重的3%~4%，是机体组织和细胞不可缺少的成分。除形成骨骼外，主要起维持体液酸碱平衡，调节渗透压和参与酶、激素和某些维生素的合成等。几种主要的矿物质有盐、钙、磷等称为常量元素。

（1）盐　应经常供给，既可让牛自由舔食，也可在日粮中添加。

（2）钙　在肉牛育肥阶段精饲料增加较大时，要给予必要的补充。

（3）磷　可根据肉牛营养需要加到日粮中进行补充。

与肉牛有关的微量元素有硒、锌、铜、锰、钴、碘等。一般情况下，这些微量元素不会缺乏，只在一些土壤中缺乏某种元素的地区，才有必要在日粮中加以补充。

（四）维生素

维生素是属于维持畜禽正常生理机能所必需的低分子有机化合物，与肉牛有关的维生素有维生素A、维生素D及维生素E等。日粮中维生素缺乏可导致生长迟缓。肉牛最易缺乏的是维生素A，建议在以秸秆为主的基础日粮中，每100千克体重每天补充6 600

国际单位维生素 A。

（五）水

水是动物机体的重要组成部分。肉牛的需水量，受增重速度、活动情况、日粮类型、进食量和外部环境等多方面影响。一般250~450 千克的育肥牛在环境温度 10℃时的饮水量在 25~35 千克。

二、肉牛日粮配制

肉牛饲养标准中的营养需要量是设计肉牛日粮配方，日粮营养物质供给量的依据。由于饲养标准有充分的科学性和高度的代表性，因此，按照饲养标准配制肉牛日粮，一般都能取得较好的饲养效果和经济效益，但在生产中具体应用饲养标准时，不可生搬硬套，必须谨慎地且针对性地选择符合实际饲养肉牛生产条件的参数。通常肉牛饲养标准所规定的基础营养定额，系肉牛最低营养需要量附加安全系数后的计算值，即所谓营养供给量。营养供给量要高于营养需要量，以充分满足肉牛的营养需要，更好地发挥其潜在的生产性能和进一步提高饲料的利用率。

（一）日粮配制原则

① 必须以肉牛饲养标准为基础，满足肉牛对能量、蛋白质和维生素等营养的需要。

② 饲料组成要符合肉牛消化生理特点，合理搭配使用，并兼顾适口性和饱腹性。

③ 饲料原料品种多样化，并发挥营养物质的互补作用，保证营养全面。

④ 尽可能利用当地饲料原料，就地取材，降低饲料成本。

⑤ 选择安全合格的饲料原料，合理使用添加剂产品，降低氮、磷、微量元素等的排放。

（二）日粮配制步骤

应用肉牛饲养标准配制日粮时，第一，要确定肉牛生产水平和体质量，确定饲养标准规定的营养需要量。第二，确定粗饲料的饲喂量，可选青干草、青贮料、秸秆及青草。第三，确定副料（多汁料和糟渣类饲料）的供给量。第四，计算粗饲料和副料提供的营养素，不足部分用精料补充料满足。第五，确定精料补充料的种类和数量，一般是用混合精料来满足能量和蛋白质需要量的不足部分。第六，用矿物质补充饲料来平衡日粮中钙和磷等矿物质元素和维生素的需要量。

（三）日粮配制方法

配制方法有试差法、对角线法、代数法和计算机设计法。

1. 试差法

试差法又叫凑数法。该方法简单，可用于各种配料技术，应用广泛。缺点是计算量大，烦琐，盲目性较大，不易筛选出最佳配方。

第一步，根据饲养标准，列出所用饲料并查各种饲料的营养成分。

第二步，根据经验初步列出配方，并计算出各种指标（如代谢能、粗蛋白质、钙、磷等）。

第三步，检查第二步计算结果，与饲养标准对比，对相应的成分进行反复计算、调整，直到满足营养需要。

2. 对角线法

在饲料种类不多及营养指标少的情况下，采用该方法较为简便。当饲料种类和考虑的营养指标较多时，虽然可以使用此法进行计算，但是由于需要反复进行两两结合计算，比较麻烦，而且不能使日粮同时满足多项营养指标，所以在实际生产中，该方法应用不多。

3. 代数法

该方法是利用数学上简单的联立方程，来计算饲料配方。例如，用粗蛋白质含量9%的饲料和粗蛋白质含量为45%的浓缩料，配制粗蛋白质为16%的精饲料。设9%饲料的使用量百分比为X，45%浓缩料的使用量百分比为Y，$9\%X+45\%Y=16\%$，$X+Y=100\%$，可以解出，$X=80.56\%$，$Y=19.44\%$。即配制粗蛋白质含量为16%的精饲料，需要粗蛋白质9%的饲料百分比为80.56%，45%浓缩料的百分比为 19.44%。

4. 电脑计算法

目前国外较大型的肉牛场和饲料厂都广泛采用计算机进行饲料配合的计算,具有方便、快速、准确的优点,能充分利用饲草饲料资源,降低配方成本。通过饲料配方软件设计配方,可以克服手工计算的局限性,全面平衡饲料营养、成本和经济效益的关系,大大提高配方设计的效率与准确性。

三、配方实例

体重 300 千克、日增重 0.8 千克的肉牛全价日粮配方如表 6-7 所示。

表 6-7 肉牛全价日粮及其营养成分

名称	数量(千克)	干物质(千克)	粗蛋白质(克)	粗脂肪(克)	粗纤维(克)	综合净能(兆焦)	钙(克)	磷(克)	食盐(克)
羊草	1.50	1.37	111	54	441	5.55	5.55	2.70	
玉米秸	3.00	2.43	141	21	903	8.43			
玉米	0.58	0.186	50	20	12	4.67	0.46	1.22	
大麦	0.83	0.266	90	17	39	5.97	1.00	2.41	
麦麸	0.94	0.266	135	35	86	5.51	1.69	7.33	
米糠	0.28	0.090	34	43	26	2.02	0.39	2.91	
豆饼	0.37	0.045	159	20	21	2.74	1.18	1.85	
石粉	0.06	0.020					22.80		
食盐	0.06	0.020							60
合计	7.62	6.59	720	210	1 528	34.89	33.07	18.42	60

四、设计配方时应注意的问题

(一)饲养标准的确定

饲养标准是进行饲料配合的重要依据,但又有局限性。目前有很多国家建立了自己的饲养标准,如美国 NRC、英国 ARC、法国 APC,等等。因此,选择哪一个标准作为依据,往往使技术人员无所适从。建议如下。

① 对已有品种标准的，尽量以品种饲养标准作为参考。

② 对尚没有品种饲养标准的，可参考我国的标准和 NRC 标准，但在实际操作时，应该根据品种、饲养方式、饲养水平和饲料加工条件等因素进行适当修正，不可完全照搬。

③ 配方应根据不同季节、环境下的采食量水平设计饲料营养水平，一般在寒冷季节，饲料营养水平可适当下降，在高温季节则应适当提高营养水平。

④ 在进行饲料搭配时，通常把主原料和添加剂分开设计。主原料设计时，一般仅选择能力、蛋白质、钙、磷、盐、粗纤维等，其他成分在添加剂中补充。

（二）原料营养成分的确定

由于原料的变异和分析条件的限制，如何确定原料营养成分是配方设计过程中的又一大难题。

① 对原料中易于测定的指标，如粗蛋白质、水分、钙、磷、盐、粗纤维等，最好进行实测。以实际测得的数值为计算依据。

② 对原料中不易测定的指标，如能力、氨基酸等，可参照国家数据库资料。但必须注意原料信息情况，只有信息相同或相近，并且粗蛋白质、粗纤维等易测指标的实测值与参考数据相近时才能作为依据使用。

③ 对于维生素和微量元素等指标，由于受饲料种类、生长阶段、土壤、气候等诸多因素影响，主原料中含量可不予考虑，只作为安全系数以供参考。

第四节　全混合日粮 TMR

一、传统饲喂方式的缺陷

由于饲养者的理念和技术水平的差异，精粗饲料的饲喂方式多种多样，归纳起来可分为两类：一是精粗分饲；二是精粗混饲。经过长时间的生产实践，饲养者发现精粗饲料分开饲喂有很大的弊端，主要表现在以下几个方面。

（一）精粗饲料采食不均衡

在散放式饲养过程中，由于个体对精粗饲料的喜好程度不一样，采用精粗饲料分开饲喂时，牛不能按照饲养者预先设定的精粗比例采食。而且牛在群体中有等级地位的分别，有的牛在牛群中等级地位较高，它能够随意采食自己喜欢的饲料，有的牛只能等别的牛吃完才能采食，不能保证均衡采食。

（二）干物质采食量不足

精粗饲料分开饲喂时，由于各种饲料的适口性不同，经常会导致总的干物质采食量不足，进而影响生产性能，还会导致繁殖障碍。

（三）容易引起消化系统紊乱

当精粗饲料分开饲喂时，由于精饲料适口性好，牛有可能在短时间内采食大量精料，会打乱瘤胃内营养物质的消化代谢平衡，引起消化系统紊乱，严重时可导致瘤胃酸中毒，影响生产性能。

（四）不适于大规模、集约化饲养模式

精粗料分开饲喂是在机械化、科技化程度较低、牛群饲养量较小的年代产生的一种饲喂方法，在科技飞速发展、机械化程度大幅提高、饲养量增长的今天，这种方法显然已经落后，如果用这种方法去饲养几千头、上万头的大规模牛场将导致生产效率很低、经济效益极差。

精粗料分开饲喂由于存在很多缺陷，也不能满足现代化、规模化生产的需要，所以人们考虑将精粗混合后饲喂，从而诞生了一种全新的饲喂方式即全混合日粮（TMR）饲喂方式。

二、全混合日粮（TMR）的概念

全混合日粮是与传统精粗分饲的饲养方式相对而言的，是根据反刍动物（牛、羊等）能量、粗蛋白质、粗纤维、矿物质和维生素等营养的需要，把粉碎的粗料、精料和各种添加剂进行充分混合，力求牛吃的每一口都是营养稳定、混合均匀且符合营养需求的理想型饲料。又称 TMR（英文 Total Mixed Ration 的缩写）。TMR 饲养技术 20 世纪 60 年代最早应用于美国、以色列等一些奶业发达国家，20 世纪 80 年代引入我国，发展十分迅速，现在国内规模化奶牛场已逐渐普及并取得优良的效果，条件好的肉牛场也开始大面积推广应用。

三、全混合日粮的优点

（一）降低饲料成本，提高劳动效率

TMR 饲喂方式有利于开发和利用更多廉价的饲料资源。经过 TMR 饲养技术的处理，可扩大和利用原来单独饲喂适口性差、消化率低的饲料，也可使很多难以利用的工业副产品得到有效的开发和利用，从而降低日粮成本，增加肉牛养殖的经济效益。TMR 技术还可以简化劳动程序，让日粮加工和饲喂过程全部实现机械化，使饲喂管理省工、省时，能大幅度提高劳动效率，同时减少饲养的随意性，使得饲养管理更精确，有利于推动肉牛养殖业向规模化、产业化方向发展。据研究报道，TMR 饲喂方式可降低饲喂成本 5%~7%，可提高人工效率 2~3 倍。

（二）保证营养均衡，提高肉牛的生产性能

TMR 是按照日粮中规定的比例完全混合的，能够有效保证日粮的营养均衡性，减少微量元素、维生素的缺乏和中毒现象。TMR 饲喂方式与传统的饲喂方式相比，饲料利用率明显增加。此外，全混合日粮按照生产性能和生理阶段进行分群饲养，能够根据各群的生理状况和生长阶段的营养需求来制定日粮配方，促使肉牛的营养摄入量与需求量相平衡，保证了肉牛的生产性能得到充分发挥。

（三）增强瘤胃发酵，降低代谢疾病的发生

全混合日粮是针对反刍动物特殊消化生理结构和特点设计的。由于肉牛的采食量较大、采食速度快，大量的饲料未经充分咀嚼就吞咽进入瘤胃，经瘤胃浸泡和软化一段时间后，食物经逆呕重新回到口腔，经过再咀嚼，再混入唾液并再吞咽后进入瘤胃，这个过程

需要较长的时间。若采用精粗分开的饲喂方式，肉牛很难将精粗饲料充分混匀，容易导致瘤胃 pH 值波动较大，蛋白质饲料和碳水化合物饲料发酵不同步，降低了微生物合成菌体蛋白的效率和饲料的利用率，同时增加了瘤胃内环境失衡、消化机能紊乱和营养代谢病的发生。因此，采用全混合日粮饲喂技术，有利于肉牛最佳生产性能的发挥，提高肉牛的健康水平。

（四）减少因挑食造成的浪费

在精粗分饲时，一些牛由于喜欢精料而专门等着采食精料，对粗料的采食量达不到正常要求，不但造成营养摄入不均衡，而且会浪费很多饲料。使用 TMR 后，牛无法再将精粗饲料分开，只能一同采食，因此减少了因挑食造成的浪费。

四、肉牛全混合日粮的配制原则

（一）注意适口性和饱腹感

肉牛日粮配制时必须考虑饲料原料的适口性，要选择适口性好的原料，确保肉牛采食量，同时兼顾肉牛是否能够有饱腹感，及满足肉牛最大干物质采食量的需要。

（二）满足营养需要

肉牛全混合日粮的配制要符合肉牛的饲养标准，并充分考虑实际生产水平，要满足不同体重阶段预计日增重的营养需要。

（三）适宜精粗比例

肉牛日粮的精粗饲料比例根据粗饲料的品质优劣和肉牛生理阶段及育肥阶段不同而有所区别。按精粗比 30：70 ~ 70：30 搭配，确保中性洗涤纤维（NDF）占日粮干物质的 28% 以上，其中粗饲料的 NDF 占日粮干物质的 21% 以上，酸性洗涤纤维（ADF）占日粮 18% 以上。

（四）原料组成多样化

肉牛日粮原料品种要多样化，便于营养平衡。尽量采用当地饲料资源，充分利用廉价的工业副产品，以降低饲料成本。

（五）饲料种类保持稳定

避免日粮组成改变造成瘤胃微生物不适应，从而影响消化功能，甚至导致消化道疾病。所以饲料要干净卫生，注意各类饲料的用量范围，防止含有有害因子的饲料用量超标。

五、全混合日粮制作技术

配制 TMR 是以营养学的最新知识为基础，以充分发挥瘤胃机能、提高饲料利用率为前提，并尽可能利用当地的饲料资源以降低饲料成本。

（一）全混合日粮设计

根据肉牛分群（生理阶段、生产水平、生产用途）、体重和膘情等情况，以肉牛饲养标准为基础，适当调整肉牛营养需要，根据营养需要确定 TMR 的营养水平，预测其干物质采食量，合理配制肉牛日粮。根据当地饲草饲料资源情况及可采购原料，选择质优价廉的原料；原料中粗蛋白质、粗脂肪、粗纤维、水分、钙、总磷和粗灰分测定按国际标准方法进行。根据确定的肉牛 TMR 营养水平和选择的饲料原料，分析比较饲料原料成分和饲用价值，设计最经济的饲料配方。在满足肉牛营养需要的前提下，追求日粮成本最小化。精料补充料的干物质最大比例不宜超过日粮总干物质的 60%，保证日粮降解蛋白质（RDP）和非降解蛋白质（UDP）相对平衡，适当降低日粮蛋白质水平。

（二）饲料原料的准备

饲料及饲料添加剂按照 NY 5048 执行，精料补充料应符合 SB/T 10261 的要求，饲料原料贮存过程中应防止雨淋发酵、霉变、污染，饲料原料按先进先出的原则进行配料，并做好出入库、用料和库存记录。玉米青贮要严格控制青贮原料的水分 65%～70%；原料含糖量要大于 3%，切碎长度以 2～4 厘米较为适宜，快速装窖和封顶，窖内温度 30℃，干草类粗饲料要粉碎，长度 3～4 厘米；糟渣类水分控制在 65%～80%。精料补充料直接购入或自行加工，清除原料中金属、塑料袋（膜）等异物，符合饲料卫生标准（GB

13078）要求。原料质量控制采用感官鉴定法和化学分析法进行。青贮饲料质量按照青贮饲料质量评定标准评定，精料补充料质量根据 SB/T 10261 评定。

（三）选择合适的 TMR 搅拌机

1. 选择合适的类型

目前，TMR 搅拌机类型多样，功能各异。从搅拌方式分，可分立式和卧式两种；从移动方式分，可分为固定式和移动式两种（移动式又包括牵引式和自走式）。立式搅拌车与卧式相比，草捆和长草无需另外加工，且在相同容积的情况下，所需动力相对较小，混合仓内无剩料。固定式搅拌机主要适用于养殖小区、小规模散养户集中区域，牛舍和道路不适合 TMR 设备移动上料的牛场。移动式搅拌机多用于适合 TMR 设备移动的牛场。

2. 选择合适的容积

（1）容积计算的原则 主要考虑干物质采食量、分群方式、群体大小、日粮组成和容重等。要满足最大分群日粮需求，兼顾较小分群日粮供应。同时考虑将来规模发展，以及设备的耗用，包括节能性能、维修费用和使用寿命等因素。

（2）正确区分最大容积和有效混合容积 容积适宜的 TMR 搅拌机，既能完成饲料配制任务，又能减少动力消耗，节约成本。TMR 搅拌机通常标有最大容积和有效混合容积，前者表示最多可以容纳的饲料体积，后者表示达到最佳混合效果所能添加的饲料体积。有效混合容积约等于最大容积的 70%~80%。

（3）测算 TMR 容重 测算 TMR 容重有经验法、实测法等。日粮容重跟日粮原料种类、含水量有关。常年均衡使用青贮饲料的日粮，TMR 日粮水分相对稳定到 40%~50% 比较理想，每立方米日粮的容重为 240~300 千克。讲究科学、准确则需要正确采样和规范测量，从而求得单位容积的容重。

（四）正确运转 TMR 搅拌设备

1. 建立合理的填料顺序

填料顺序应借鉴设备操作说明，参考先精后粗，先干后湿，先轻后重的基本原则，兼顾搅拌预期效果来建立合理的填料顺序。一般添加顺序为精料、干草、青贮类、糟渣类等，立式饲料搅拌车应将精料和干草添加顺序颠倒。

2. 设置合理的搅拌时间

在生产实践中，为了提高工作效率，一般采用边填料边搅拌的方式，等全部原料填完，再搅拌 5~8 分钟。确保搅拌后日粮中大于 3.5 厘米长纤维粗饲料（干草）占全日粮的 15%~20%，1 个工作循环总用时 25~40 分钟。

3. 控制 TMR 水分

根据青贮及粗饲料等的含水量，掌握控制 TMR 水分，冬季水分要求 45%，夏季可在 45%~55%。

4. 操作注意事项

① TMR 搅拌设备计量和运转时，应处于水平位置。

② 搅拌量最好不要超过最大容量的 80%。

③ 一次上料完毕及时清除搅拌箱内的剩料。

④ 加强日常维护和保养（参照 TMR 使用手册），定期校正计量控制器。

⑤ 添加过程中防止铁器、石块、包装绳等杂质混入搅拌车，造成车辆损伤。

六、TMR 质量监测与评价

（一）感官鉴定

搅拌好的全混合日粮精粗饲料混合均匀，松散不分离，色泽均匀，新鲜不发热、无异味，不结块。方法是随机从 TMR 中取一些，用手捧起，用眼估测其总重量及不同粒度的比例。一般大于 3.5 厘米的粗饲料超过日粮总重量的 15%为宜。

（二）粒度分析（宾州筛过滤法）

宾州筛是由美国宾夕法尼亚州立大学发明的，用来估计日粮组分粒度大小。粒度分析应从饲槽的 4 个不同部位采集样品。宾州筛由三个叠加式的筛子和底盘组成。筛是用粗糙塑料做成，长颗粒不至于斜着滑过筛孔。可用来检查搅拌设备运转是否正常，搅拌时间、上料次序等操作是否科学等问题，从而制定正确全混日粮调制程序。各层应保持比例，与日粮组分、精饲料种类、加工方法、饲养管理条件等有关。目前正在进行研究，以尽快确定适合我国饲料条件的不同牛群的 TMR 制作粒度推荐标准。测定步骤，从日粮随机取样放上筛，水平晃动 2 分钟，直到只有长颗粒留在上筛。

（三）营养成分检验

制作 TMR 日粮时，每批都要随机抽取样品，进行常规营养成分分析，并将实际测定的结果与配方中各营养成分的理论值进行比较，误差要求控制在 3%以内，以保证日粮混合均匀、营养均衡一致。因此，每批饲料原料在更换批次前，都应该认真做好采样送检工作，对水分含量较高的原料，需每周至少检测一次水分含量。根据实际测得的数据进行日粮配制，确保营养的稳定。

（四）化学分析

饲料采样方法按 GB/T 14699 执行，砷按 GB/T 13079 执行，铅按 GB/T 13080 执行，汞按 GB/T 13081 执行，镉按 GB/T 13082 执行，氟按 GB/T 13083 执行，六六六、滴滴涕按 GB/T 13090 执行，沙门氏菌按 GB/T 13091 执行，霉菌按 GB/T 13092 执行，黄曲霉毒素 B1 按 GB/T 8381 执行。

七、使用 TMR 饲养技术应注意的事项

（一）应用 TMR 技术的规模场条件

需要考虑的条件主要有牛场的建筑结构、料道的宽窄、牛舍的高度和入口，以及牛群大小、架子牛体重、日粮种类、每天的饲喂次数等。

（二）分析饲料原料常规营养成分，科学配制日粮

测定 TMR 及饲料原料各种营养成分的含量是科学配制日粮的基础，即使同一原料，因产地、收割期及调制方法不同，其干物质含量和营养成分也差异很大。所以应根据实测结果来配置相应的全混合日粮，依照国家肉牛饲养标准，结合当地的实际选择可利用的

农副产品资源，应用计算机处理配方，使日粮配方达到既营养合理又成本低廉的目的。

（三）保证营养的平衡性和稳定性

在配制 TMR 时，要保证饲草质量，配料时需要准确计量，保证混合机的混合性能和日粮的营养平衡性。由放牧饲养或常规精粗分开饲喂转为自由采食 TMR 时，应选用一种过渡日粮，以避免因采食过量而引起消化疾病和酸中毒。

（四）日粮混合搅拌数量准确，均匀平衡

配制全混合日粮是以营养浓度为基础，要求各组分的计量准确，投料误差控制在 2% 以内，并充分混合，把握好投料的顺序和混合时间。

（五）应用 TMR 技术要注意肉牛的合理分群

全场肉牛需要根据生理阶段、生产性能、生产用途进行分群饲喂，每一个群体的日粮配方各不相同，需要分别配制日粮，分群的数目视牛群的大小和现有的设施设备而定。

（六）把握投料量，检查饲养效果

TMR 投料量应控制在肉牛采食后，在第二次投料时槽内有 3%～5% 的余料，确保肉牛的自由采食量，并分析肉牛生产性能，及时调整日粮供应。

八、TMR 日粮配方实例

TMR 日粮配方实例见表 6-8。

表 6-8　TMR 日粮配方　　单位：千克/（天·头）

体重（千克）		350～400	400～450	450～500	500～550	550～600
玉米秸青贮		17.5	20	22.5	24	25
鲜豆腐渣		11	12	13	14	15
精料用量	冬季	4.5	5	6	7	7
	夏季	4	4.5	5.5	6.5	6.5

（续表）

体重（千克）		350~400	400~450	450~500	500~550	550~600
精料配比	玉米	50%	55%	60%	65%	65%
	啤酒糟	10%	10%	8%	7%	6%
	豆饼	12%	10%	8%	10%	10%
	酱油渣	2%	2%	2%	2%	2%
	麸皮	7%	6%	5%	5%	5%
	棉籽饼	7%	5%	5%		
	白酒糟	7%	6%	5%	4%	4%
	自配小料	5%	6%	7%	7%	8%

第七章 肉牛场的饲养管理

第一节 牛的生物学特性

一、基本生物学特性

牛属于哺乳纲、偶蹄目、牛科，为有胎盘、有蹄的反刍动物。正常体温为 37.5~39.1℃，初生犊牛脉搏 70~80 次/分钟，成年牛40~60 次/分钟，呼吸频率为 20~30 次/分钟。汗腺不发达，怕热，被毛和体组织的保温性能好，不利于热量的对流和蒸发。一般情况下，肉牛的最适宜环境温度为 5~15℃，1~25℃肉牛能正常生长，超过 25℃便可产生热应激反应，影响肉牛生产性能。

二、一般习性

（一）合群性

据观察，多头母牛在一起组成一个牛群时，开始有互相顶撞的现象。一般年龄大、胸围和肩峰高大者占统治地位。待其确立统治地位和群居等级后就会合群，相安无事。这个过程视牛群大小及是否有两头或以上优势牛而定，一般需 6~7 天。母牛在运动场上往往是 3~5 头在一起结帮合卧，但个体间又不是紧紧依靠在一起，而是保持一定距离，不喜欢独处。

（二）好静性

牛生性好静，不喜欢嘈杂的环境。强烈的噪声会导致机体应激反应，影响采食量，降低生产性能，但播放轻音乐则会使牛感到舒适，有利于生长潜力的发挥。

（三）好奇性

牛对人和周围的环境往往表现出好奇性，当有人经过跟前时，牛会抬头观望，甚至伸头与人接近。当有人站在运动场边敲打铁栏杆时牛会跑过来围观，年龄越小，好奇性越强。当饲槽内有异物时，牛会用舌头舔它，如可食会将其吃下。

（四）温顺性

母牛一般比较温顺，相互靠在一起也不争斗，但也有少数母牛在牛群中争强好斗，在采食、饮水或进出牛舍时以强欺弱。对这样的个体应在犊牛期去角，对特别好斗、比较凶猛的牛只应从牛群中淘汰或转群，以免对人和其他牛只造成不必要的伤害。

三、一般行为

（一）母—犊行为

一般从犊牛出生开始，延续至断奶时止。这种行为在品种之间的差异很大。母牛出于天性，当犊牛下生后，母牛有极明显的护犊行为，将犊牛全身舔干并发出亲昵、柔和的叫声。当新生犊牛试图起立而身体摇晃、步态不稳时，母牛表现出十分关切和紧张不安的神情。犊牛在母牛舌舔动作和叫声的鼓励下，终于站起来并开始寻找乳头。如果母牛在运动场产犊后，往往会驱赶想要接近犊牛的其他牛只；当工作人员将犊牛抬走时，母牛往往会追赶。

（二）好斗行为

好斗行为主要表现在公牛身上，偶尔也可见两头母牛头角相抵的现象。

（三）模仿行为

模仿行为是指牛只互相模仿的行为。当牛群中某一头牛做出某一动作时，其他的牛会跟着做同样的动作。

（四）探索行为

牛有好奇、探索周围环境的禀性。它们通过看、听、闻、触等行为对周围事物进行探索。每当进入新环境，第一反应就是进行探索。因此对新调入的牛，在进行管理或训练时要容许它们有一定时间对新环境了解和适应。

（五）清洁行为

健康个体通过舌舔、抖动等行为来清理被毛和皮肤，保持体表清洁卫生。体弱牛只清洁能力差，导致被毛逆立、粗乱无光，体表后肢污染严重。牛喜欢清洁、干燥的环境，因此牛舍地面应在饲喂结束后及时清扫，冲洗干净，运动场内的粪便应及时清除，保持干燥、清洁、平整，防止积水，夏季要注意排水。另外，牛喜欢在松软处躺卧、休息、反刍，不喜欢硬质的运动场地（例如水泥、砖块铺成的运动场地）。

四、生理行为

（一）采食行为

采食行为中，饲料摄入口腔内的动作因草食动物牙齿的构造而不同。牛因为没有上颚切齿，所以用舌头把草料卷入，头部稍微向前上方移动，下颚门齿切取，摄入口腔。饮水依靠口腔内负压完成。牛采食相对比较粗放，采食时不加选择，采食后不经仔细咀嚼即吞下，待卧息时进行反刍再咀嚼。因此，饲喂时要注意清除混在饲料中的铁钉、铁丝等金属异物，否则极易造成创伤性心包炎；饲喂块根类饲料时要切成片状或粉碎后饲喂，料块过大易引起食道堵塞。牛习惯于自由采食，每天采食 10 余次，每次 20~30 分钟，累计每天 6~7 小时，躺卧休息时间为 9~12 小时。牛自由采食最活跃的时间是黎明和黄昏，其次是上午中段时间和下午早期。

（二）反刍行为

牛采食后经初步咀嚼混入唾液形成食团吞下，进入瘤胃，经碱性唾液软化和瘤胃内水分浸泡后，待卧息时再进行反刍。反刍包括逆呕、再咀嚼、再混入唾液、再吞咽 4 个过程。牛一般采食后 15~60 分钟开始反刍，每次反刍持续时间 40~50 分钟，每个食团约需 1 分钟，一昼夜反刍 10 余次，反刍累计时间长达 6~7 小时。因此，采食后应给予充分的休息时间和安静舒适的环境，以保证牛的正常反刍。一般犊牛生后 3 周左右就出现反刍，早期补饲可以使反刍生理提前出现。反刍是牛健康的标志之一，反刍停止则说明牛可能患病。

（三）排泄行为

排泄行为分为排尿、排粪。雌雄的姿势不一样。牛是一种随意排泄的动物，通常是站立排粪或者边走边排粪，排尿则往往站立着。排泄次数和排泄量随采食饲料的性质和数量、环境温度，以及牛个体不同而异。

（四）发情行为

牛发情时，首先表现性兴奋，不停地走动、哞叫，与其他母牛在运动场互相追逐，接受其他母牛的亲近、爬跨，发情结束后则逃脱其他母牛的爬跨。牛发情持续时间平均 18 小时，变化范围 6~30小时。当发情母牛接受其他母牛爬跨且站立不动时，是配种的最佳时间。

五、异常行为

（一）病理性异常行为

牛的鼻镜通常由于鼻唇腺的分泌而湿润，10 日龄内的犊牛除哺乳外鼻镜是干燥的，其湿润程度随年龄而增加。睡眠时鼻镜的光泽和潮湿外观消失。腺体分泌在采食和同类接触时有所增加，患病时分泌停止，鼻镜干燥，结痂和发热，由此可作为疾病的特定症状。

异食癖是牛的一种异常行为，多数是营养缺乏、厌烦无聊或生理紧张而产生的。异食癖的表现有吃沙、吃土、吃布条、吃铁丝等，因此，混入饲料中的塑料袋及运动场内的异物应及时清除，防止被牛吞食后造成消化道阻塞导致死亡。牛出现异食癖，多数与缺乏矿物质及微量元素有关，应注意补充这些元素。

（二）恶癖及其预防

1. 成年母牛的恶癖

少数牛由于痛感、被吓唬或受虐待（抽打等）而产生踢癖。所以，在日常管理中，提倡善待牛只，饲养、挤奶人员不要轻易抽打牛只，建立人牛亲和关系，从而使牛易于亲近和接受工作人员的管理。

2. 犊牛舔舐癖

处于哺乳期的犊牛在哺乳后总有吃不足之感，而产生相互吸吮嘴巴上的余奶，以至延伸到互相舔毛或吮吸奶头，造成牛毛进入胃中形成毛球，严重的堵塞幽门而导致犊牛死亡。建议如下：

① 有条件的牛场最好建立犊牛栏（岛），一头犊牛一个栏，栏与栏之间间隔一定距离，避免犊牛间相互舔舐，防止传染病发生，从而提高犊牛成活率。

② 用0.5%的高锰酸钾溶液（温水）给喝奶后的犊牛擦洗嘴巴，除去乳香味，可避免犊牛相互吮吸嘴巴上的余奶。

③ 犊牛哺乳结束后不要马上松开颈枷，可在奶桶中撒入少量的犊牛料（或开食料）让其自由采食，使其忘却乳香并补充奶量的不足，也为补喂混合饲料提前做好准备。

第二节　犊牛的饲养管理

犊牛是指出生至6月龄的小牛，在此阶段，牛正处于生长发育时期。因此，它的饲养培育正确与否，对成年体型的形成、采食粗饲料的能力，以及到成年期后的产肉和繁殖性能都有极其重要的影响。

一、犊牛培育要求

（一）重视胎儿期的营养供给，确保初生犊牛健康

根据妊娠前期和后期胎儿发育特点，适当调整母牛各种营养物质的供给量，以保证胎儿组织器官的正常发育，保证新生犊牛的健壮。

（二）提供良好饲喂条件

犊牛培育的好坏，直接影响到成年时的体型和生产性能。而犊牛的优秀基因和遗传潜力只有在适当条件下才能表现出来。在诸多

条件中营养与饲料的影响最重要，其次是合理的饲喂管理和良好的卫生。

（三）增强犊牛免疫力

新生犊牛对外界环境的抵抗力差，免疫机能尚未完全形成，容易遭受消化道和呼吸道疾病的侵袭，死亡率较高。因此，必须及时哺喂优质、足量的初乳，按时注射疫苗，保持环境卫生，加强护理，适当运动。

二、新生犊牛的饲养管理

（一）清除黏液

当犊牛出生后，应首先清除口鼻的黏液以免妨碍呼吸造成犊牛窒息或死亡。如已经吸入黏液影响呼吸或假死（心脏仍在跳动），应立即将犊牛两后肢提起，并拍打其胸部使之排出黏液，恢复正常呼吸。然后用干草或干抹布迅速擦净犊牛身体上的黏液，尤其在冬季这一步至关重要，有利于减少热量蒸发，保持较高体温，以免犊牛受凉。

（二）断脐带

如脐带已经断裂，可在断端用 5% 碘酊进行充分消毒；脐带未断时先把脐部用力揉搓 1~2 分钟，距腹部 6~7 厘米处用消毒的剪刀剪断，然后挤出脐带中的黏液并用 5% 碘酊将脐带内外充分消毒（可将脐带剩余部分放在碘酊中浸泡 1~2 分钟），以免发生脐炎。

（三）编号

根据国家对肉牛的编号规定，对新生犊牛按公母分别进行编号。具体办法参见第四章第二节相关内容。

（四）称重记录

将编号后的犊牛称体重，记录初生重、出生日期、系谱等相关数据。有条件的牛场可对犊牛进行拍照，对其外貌特征进行记录。

（五）喂初乳

牛分娩后 5~7 天内所产的乳叫初乳。犊牛生后，应在 1 小时内饲喂其母亲的初乳，如犊牛母亲死亡或患有乳房炎，使犊牛无法吃到母亲的初乳，可使用事先冷冻的合格初乳或其他产犊时间基本相同健康母牛的初乳。

犊牛初生时，抗体（大分子蛋白质）可直接通过犊牛肠壁进入血液中。出生2~3小时后，由于肠道下段的渗透性降低，大分子蛋白质则无法通过肠壁进入血液中。所以，晚上出生的犊牛，如到第二天喂初乳，它可能无法吸收全部抗体，出生后24小时，抗体吸收几乎停止。

1. 初乳的特点

初乳具有很特殊的生物学特性，是新生犊牛不可缺少和替代的营养品。其特殊作用表现为以下几种。

① 初乳可以替代肠壁上的黏膜。新生犊牛肠胃空虚，第四胃及肠壁黏膜不很发达，对细菌的抵抗力很弱。而初乳的特殊功能就是能代替肠壁黏膜的作用，初乳覆盖在胃肠壁上，可阻止细菌侵入血液中，提高对疾病的抵抗力。

② 初乳中含有溶菌酶和免疫球蛋白，可以杀死或抑制多种病菌。

③ 和常乳相比，初乳酸度较高，可使胃液变为酸性，不利于有害细菌的繁殖。

④ 初乳可以促进真胃分泌大量的消化酶，促使胃肠机能尽早完善。

⑤ 初乳中含有较多的镁盐，有轻泻作用，可以促进初生犊牛排出胎粪。

⑥ 初乳含有丰富而易消化的养分。母牛产后第一天分泌的初乳中干物质总量比常乳多1倍以上，其中蛋白质含量高4~5倍，脂肪含量多1倍左右，维生素和胡萝卜素多10倍左右，各种矿物质含量也很丰富。

2. 初乳传统哺喂方法

挤出的初乳应立即哺喂犊牛，如奶温下降，需经水浴加温至38~39℃再喂，饲喂过凉的初乳容易造成犊牛下痢，奶温过高则容易发生口炎、胃肠炎或犊牛拒食。初乳切勿明火直接加热，以免温度过高发生凝固。可以使用犊牛奶瓶人工哺喂。通常第一天喂初乳5千克，分3~4次哺喂。第一次饲喂健康犊牛时初乳喂量是2千克，体弱牛0.75~1千克，切记第一次喂初乳的量不能过大，以防消化紊乱。此后，犊牛每天初乳喂量为犊牛体重的8%，分3次哺喂，每次喂量应大致相同，连续喂3天，以后可喂常乳。在每次哺喂初乳之后1~2小时，应给犊牛饮温开水（35~38℃）一次。

3. 现代初乳灌服法

该法简单易行，效果可靠，在奶牛场早已广泛使用。肉牛场为提高犊牛成活率，降低疾病发生率，也应将初乳灌服方法作为新生犊牛的常用管理方法加以应用。

（1）初乳灌服的最佳时间 初生犊牛的瘤胃很小且无功能，故饲喂的初乳将直接到达真胃但并不凝聚成块，能以液状进入十二指肠。因此，免疫球蛋白即母源性抗体得以原形很快通过肠道屏障进入血流。初生犊牛出生后约12小时开始"肠闭合"进程，至生后24小时左右基本完成。出生后3日，真胃产生凝乳酶，其能使乳汁凝聚而增加在真胃内被消化的时间（约几小时）。与此同时，真胃开始产生盐酸和胃蛋白酶，7日后，这种功能完全成熟。此时，如真胃空虚，pH值为2.0，喂奶后pH值升高至6.5，3~4小时后复降至4.0左右。在下次进食之前，pH值在2.0~4.0的胃液具有杀菌作用。假如喂奶过多或用水稀释奶，那就不易形成凝块，造成酪蛋白很快进入十二指肠，从而导致因消化不良而腹泻。综上所述，超过生后24小时饲喂的初乳，对初生犊牛来说，因无法以原形吸收而只能成为一种营养物质被利用。基于此点，整个初乳饲喂工作必须在初生犊牛出生后24小时之内完成。初乳灌服宜越早越好。初生犊牛对初乳的吸收速率以出生后0~6小时为最高，其后则逐渐降低（图7-1）。

（2）具体灌服方法

① 灌服初乳必须经初乳计测定合格后方能使用。阅读初乳计应在20℃左右的环境。过冷太浓，过热太稀，同时注意不要出现气泡。

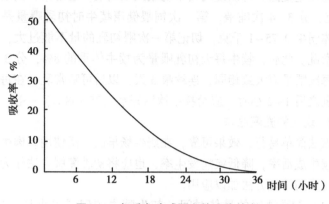

图7-1　初乳免疫球蛋白的吸收效率

②　为避免破坏免疫球蛋白，低温存贮的合格初乳需用温水缓慢解冻至 20～25℃才可灌服。合格初乳低温储存时，应该一母一存，储存量因牛而异。合格新鲜初乳其免疫球蛋白保持生物活性的时间随储存温度的不同而长短相异：20℃ 为 2 日；4℃ 为 7 日；-20℃ 为 0.5～1 年。

③　在犊牛出生后 1 小时内，使用专门的初乳灌服瓶（图7-2），强行直接将初乳灌入真胃，应避免灌入肺中，双人灌服见图7-3。单人给新产犊牛灌服初乳的操作方法要领：用双腿将犊牛颈部加紧，并使其后躯退至死角处难以移动。右手持饲喂管经犊牛右侧角插入，借吞咽动作将饲喂管送入食道，左手需在犊牛颈部食道沟往复上下滑动检查，以确保饲喂管在食道内，如饲喂管送入食道，此时右手上下轻拉会感觉多少有些阻力。如误入气管，则感觉无阻力，同时左手在食道沟也摸不到饲喂管。确定饲喂管插入食道内后，才能高举初乳瓶将初乳灌入。

④　生后半小时以内即刻强行灌服 4 千克，越早越快越好。

⑤　生后 12 小时再强行灌服 2 千克。

⑥　停喂 12～18 小时，结束灌服程序。

⑦　此后即照常规饲喂普通乳或犊牛替代乳。

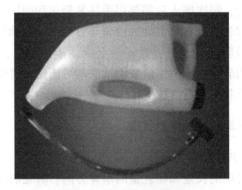

图7-2 专用初乳灌服瓶

图7-3 犊牛初乳灌服操作培训现场（廊坊）

（3）注意事项 应用该法能使初生犊牛迅速可靠地建立起被动免疫系统，但并非一劳永逸，仍需努力保持犊牛周围环境的卫生和喂奶饮水器具的洁净。否则，极度肮脏和恶劣的饲养条件亦会使犊牛业已建立的强大被动免疫系统完全失效，犊牛还有可能发病和死亡。此外，还需注意以下细节：一是灌服初乳需使用专门器具，硬质胃导管头端是特别设计的，任何人稍经训练都可顺利轻易插入食道而不会误入气管，但也偶有例外，造成异物性肺炎而致犊牛当场死亡。因此，每次插入后都要用手往复轻送和回抽胃导管，同时手指在犊牛脖颈下方食道沟处触摸胃导管头端，以确保其在食道沟内。二是灌服后应将犊牛留置原地至少4小时以上，如果立即搬移，特别是用肩背法、倒拖法或倒抬法均可能使真胃中的初乳倒流入气管而呛死犊牛。

三、哺乳期犊牛的饲养管理

（一）哺乳期饲养工作

犊牛哺乳期的长短和哺乳量因培育方向、所处的环境条件、饲养条件不同，各地不尽一致，哺乳期长短不做硬性规定。有的牛场实行3个月断奶，有的牛场6个月断奶。河北廊坊有牛场以犊牛吃奶后能连续三天吃下1千克犊牛料为断奶标准。

1. 饲养方式

（1）独笼（栏）饲养　目前，国外多采用户外犊牛栏培育犊牛。户外犊牛栏多建于背风向阳、地势高燥、排水良好的地方。户外犊牛栏由轻质板材组装而成，可随意拆装移动。每头犊牛单独一栏，栏与栏之间间隔一定的距离。国内一些牛场是在犊牛初生后放入犊牛舍，犊牛舍内设有犊牛栏，犊牛断奶之前在单独的犊牛栏中饲养，每头犊牛占 $1.5 \sim 1.8$ 米^2。

（2）群体饲养　犊牛初乳饲喂程序完成后，直接转入犊牛圈舍进行群体散栏式饲养。这种方式适用于配备牛奶自由采食设备的规模化牛场，有利于提高犊牛饲喂工作效率，降低工人劳动强度和人员技术要求。

2. 哺喂优质常乳

哺乳期犊牛哺喂常乳有两种方法，一种为保姆牛哺育法，一种为人工哺育法。

（1）保姆牛哺育法　保姆牛哺育法是自然哺育犊牛的一种方法，就是让犊牛跟随保姆牛，直接吸吮保姆牛乳头进行哺育。每头保姆牛哺育犊牛的头数，根据保姆牛的产奶量来决定。一般每头保姆牛可以哺育 $2 \sim 4$ 头犊牛，或者更多。饲养员应加强观察，根据犊牛哺乳时的行为反应来判断奶量的多少。如果发现犊牛频频顶撞母牛乳房，而吞咽的次数少或者不吞咽，说明奶量少，不够犊牛吃。此时，应及时采取措施，减少保姆牛哺育头数。

（2）人工哺育法　目前奶牛场均采用人工哺育法，规模化肉牛场也多采用此法。人工哺育法是在母牛产犊后某一阶段把犊牛移入犊牛舍，与母牛分开，人工挤奶，采用定时、定量、定温、定人的饲喂原则哺喂犊牛。通常犊牛在哺喂初乳 1~3 天后，开始哺喂优质混合常乳，常乳日喂量一般按体重的 10%计算，每天人工哺喂 3 次，乳的温度仍以 38~39℃为宜。人工哺育法的优点是按照犊牛生长需要合理安排常乳哺喂工作，有利于减少疾病，保证犊牛健康，同时根据母牛产奶量确定饲养，提高牛奶的商品率，对经营有利。缺点是工人劳动量较大。

当市场上代乳粉价格较低廉时，可以用代乳粉替代部分牛乳，从而降低犊牛培育成本，促进犊牛早期断奶，有利于提高母牛繁殖率。代乳粉要求蛋白质含量不低于 22%，脂肪为 15%~20%，粗纤维含量不超过 1%。代乳粉在饲喂前，用 40~50℃的温开水冲开，代乳粉与温开水的比例为 13：87，混合后的代乳品应保持均匀的悬浮状态，不应发生沉淀现象。

3. 供给优质饲料

（1）补喂干草　犊牛生后 1 周开始训练采食干草，方法是在犊牛栏上放置优质的干草任其采食，及时补喂干草可以促进犊牛的瘤胃发育和防止舔食异物。

（2）补喂精料　从哺喂常乳开始，就在犊牛栏上加放精料盆，内装犊牛开食颗粒料。精料的投放应遵守少量多次、循序渐进的原则，根据牛犊粪便情况逐渐增加投喂量，以牛犊的粪便正常为前提，切忌一次投放一天的精料和突然增加投喂量，否则容易引起牛犊消化不良和胃肠臌胀，导致牛犊腹泻或死亡。每天给的精料以犊牛能吃净为好，当精料量增加到 1~1.5 千克时不再增加，不足的营养成分由干草等粗饲料补充。

4. 供应充足清洁的饮水

犊牛在初乳期即可在两次喂奶的间隔时间内人工供给38℃左右的温开水，15天后改饮常温水，30天后可任其自由饮水。

(二) 哺乳期管理工作

1. 做好牛犊的疾病防治

牛犊在出生后，各种器官、调节系统尚未发育完全，对外界的适应能力差、抵抗力弱，容易发生疾病，要尽量保持牛舍内的通风、清洁、舒适。每天要对牛犊细心观察，注意粪尿、被毛、吃乳、运动、精神等方面是否正常，有异常情况要及时诊断治疗。对母乳不足的牛犊，在加强母牛营养的同时，找其他泌乳性能好的母牛进行代哺部分牛乳。需要强调的是牛犊腹泻的病因复杂，极易造成牛犊生长发育迟缓，甚至死亡。所以，要通过对牛犊加强饲养管理、环境设施的消毒等措施，做好牛犊腹泻的预防。

2. 卫生管理

犊牛生后最重要的工作是卫生，卫生管理的目的是预防消化道和呼吸道疾病，保证犊牛的正常生长发育，避免犊牛生病或死亡。

(1) 搞好犊牛的哺乳卫生　犊牛进行人工喂养时应切实注意哺乳用具的卫生。哺乳用具每次用后应及时清洗、消毒。饲槽、料盆在刷洗干净后消毒。

(2) 搞好犊栏卫生　犊牛生后应及时放进育犊舍内的单独的犊牛栏中，避免牛犊在牛场内到处乱窜，防止牛犊在外误舔异物、污物，误饮脏水。育犊舍内牛栏及牛床应保持干燥，并铺以干燥清洁的垫料（国内一般用垫草，国外有的使用碎木屑）。垫料应勤打扫、勤更换，犊牛舍内地面、围栏、墙壁应清洁干燥并定期消毒。同时犊牛舍内应阳光充足，通风良好，空气新鲜，夏防暑冬保暖。

(3) 搞好犊牛皮肤卫生　犊牛皮肤的刷拭在管理上十分重要。因为刷拭对皮肤有按摩作用，可促进皮肤的血液循环，有利于皮肤的新陈代谢；同时皮肤刷拭保持了皮肤清洁，有利于防止外寄生虫的滋生。皮肤刷拭每天可1~2次，刷拭时可用软毛刷，必要时辅以硬毛刷，但用劲宜轻，以免损伤皮肤。

3. 犊牛去角

一般在生后 5~7 天进行。去角方法是：先剪去角基部的毛，然后用火碱棒在剪毛处涂抹，这样可以破坏成角细胞的生长，约 15 天后该处便结痂不再长角。也有牛场在生后 10 天左右进行，用电烙铁将犊牛角根部烙煳，效果也不错。

4. 去副乳头

母犊牛在哺乳期内应剪除副乳头，适宜的时间在 4~6 周龄。去除方法：先将乳房周围部位洗净消毒，将乳头轻轻拉向下方，在连接乳房处，以锐利的消毒剪刀将乳头剪下，然后用碘酊在伤口处消毒。如副乳头过小，一时还确认不清，可等到副乳头长得明显时再剪除。

5. 提供牛犊充足的光照和足够的运动空间

光照和运动对促进牛犊的骨骼生长、消化系统发育，提高采食量，增强体质有积极作用，在哺乳期应保证牛犊有充足的光照和自由运动的空间。

四、断奶犊牛的饲养管理

肉用母牛产奶量一般在产后 2 个月左右已开始下降，产后 70 天的泌乳量只能满足犊牛营养需要量的 80%。因此在更早期的时间内补给犊牛草料供其练习采食，有助于犊牛通过消化草料弥补母乳的营养不足。犊牛在 3 月龄时，对草料已具备了相当的采食量和消化能力，断奶也较容易，所以此期是早期断奶的合适时间。

（一）断奶犊牛培育目标

① 日增重平均为 760 克。

② 6 月龄体重达到 170~180 千克，体高为 95~100 厘米。

③ 6 月龄时干物质采食量达到 4~4.5 千克/天。

④ 6 月龄时混合精料喂量不低于 2 千克/天。

（二）断奶方法

适当缩短哺乳期不仅不会影响犊牛健康，反而可以减少喂奶量，降低饲喂成本，而且有利于瘤胃的早期发育。由于从哺乳到全部采食草料，对犊牛是个应激过程。因此，在断奶前逐渐减少喂奶量，喂奶次数有每天 3 次改为 2 次，再到 1 次，同时逐渐增加每日所需的犊牛料。临断奶时，还可饲喂掺水牛奶，开始时奶水比例为 1∶1，以后逐渐增加掺水量，最后全部用温水替代。当犊牛日采食精料量连续 3 天达到 1 千克时即可断奶，断奶时犊牛一般为 2~3 月龄。

（三）断奶后的管理

断奶犊牛是指从断奶到 6 月龄的犊牛。犊牛断奶后，从单独的犊牛栏转入到犊牛区混合饲养，适宜进行小群饲养，且将年龄、体重相近的犊牛分为一群，每群 10~15 头。

（1）保证优质干草的供应　刚断乳时，粗饲料以易消化的优质牧草、青干草为主。投料原则：少量多次进行添加，这样既能保证犊牛的采食量，也不会造成饲草的浪费。不要饲喂营养较差的劣质粗草，要喂优质青粗饲料。

（2）保证优质精料的供应　日粮结构和营养水平要保持相对稳定，断奶后犊牛继续饲喂 2 周犊牛料，每头犊牛每天饲喂颗粒精料 2.5 千克左右，每天分 3 次饲喂。

（3）保证干净充足的饮水　在犊牛区设置水槽，每天对水槽进行刷洗，保证犊牛能喝到充足而干净的水，水温度不做特殊要求，但是冬天犊牛饮水绝不能饮用冰碴水，否则容易引起消化道疾病。

（4）保证盐和微量元素的供给　在犊牛区设置犊牛舔砖，让犊牛自由舔食，以保证盐和微量元素的供给。设置舔砖应防雨、防潮。

（5）保持圈舍的干燥清洁　对犊牛区应经常进行清理、打扫，及时清除粪便，并保持圈舍干燥。夏季雨水较多，如圈舍内潮湿，应及时采取干燥措施，否则犊牛很容易得病。

（6）做好断奶犊牛的疾病防治　认真做好对断乳牛犊粪尿、运动、精神等方面观察，做到有病能及时发现，及时得到治疗。大部分抗体内寄生虫药或多或少会对消化系统有不良反应，所以，对断奶犊牛的驱虫宜尽量避免在适应期内给药，防止牛犊腹泻的发生。定期做好牛犊舍、生产用具的消毒，可有效防止由螨虫、真菌等引起的接触性皮肤病的传播和发生。对于断乳牛犊的预防接种，在无特殊情况下，建议在断乳两个月后进行，以防止母源抗体的干扰。为保证免疫效果，断乳牛犊进行首次免疫 10 天后，应进行一次加强免疫，以后按正常的免疫程序接种疫苗就能很好地起到对传染病的预防作用。

第三节　育成牛的饲养管理

犊牛满 6 个月后转入育成牛群，直到 18 月龄，处于这一阶段的牛称为育成牛。18 月龄后到初次产犊叫青年牛。本书在这里暂且将二者统称为育成牛。这一时期，牛的体型、体重增长最快，也是繁殖机能迅速发育并达到性成熟的时期，对整个肉牛饲养过程起到承上启下的作用。培育的目标是通过科学合理的饲养，使牛保持较高的增重速度，以及心血管系统、生殖系统、消化系统、呼吸系统和肢蹄得到良好发育，按时达到理想的体型、体重标准和性成熟；若留作基础母牛培育，则保证按时配种、受胎，繁殖后代。

一、育成牛的饲养方式

（一）放牧饲养

母牛大多分散在农户，以放牧饲养为主。单靠放牧期间采食青干草是不能满足育成牛生长发育需要的，应根据草场实际情况适当进行补饲。一般每天每头牛补饲 0.5~1 千克精饲料。夏季放牧应避开炎热的中午，增加早、晚放牧时间，以利于牛只采食和休息。放牧牛极易受到寄生虫感染，故应注意观察牛只粪便、被毛、眼睑等的变化，并定期驱虫。放牧回家后，最好一牛一槽、拴系式饲养，防止牛只相互争斗抢食。

（二）舍饲

不具备放牧条件的规模化牛场大多采用舍饲养殖方式。在生产中根据育成牛生长发育情况灵活调整饲料组成、供应量，16~18月龄体重达到成年母牛体重的 75%~80% 为宜，日增重控制在400~800 克为宜。日粮精饲料组成以玉米、糠麸、豆饼等为主，粗料以优质干草、玉米秸秆、稻草、青贮饲料等为主，适当补充维生素 A、维生素 E、微量元素、磷酸氢钙、食盐等组成全价饲料。精料供应量占日粮的 15%~20%，粗料占到 80%~85%。每头牛每天采食干物质量为体重的 1.8%~2.5%。

二、育成牛的阶段饲养

（一）6~12 月龄

这一时期是性成熟期，性器官及第二性征发育很快，也是达到生理上最快生长速度的时期，体躯向高度急剧生长。同时，其前胃已相当发达，容积扩大 1 倍左右。因此，在饲养上要求供给足够的营养物质，同时日粮要有一定的容积以刺激前胃的继续发育。在良好的饲养管理条件下，日增重可以达到 1 000 克以上，尤其是 6~9月龄期间，生长速度最快。这时，必须多用优质粗饲料保证牛的生长，促进瘤胃发育。基础饲料以优质干草、青草等粗料为主，饲喂量控制在体重的 1.2%~2.5%，具体喂量多少以牛体大小和发育情况而定。选用中等质量的干草，培养耐粗饲性能，促进瘤胃发育。干物质采食量应逐步达到 8 千克。可以用适量的多汁饲料代替干草，替换比例视青贮饲料的水分含量而定。水分>80%，青贮替换干草的比例为（4~5）∶1；水分为 70%，替换比例为 3∶1。在早期若过多使用青贮饲料，可导致瘤胃发育不全，影响个体生长，因此，青贮饲料不能用太多。

另外，一岁以内的育成牛需要喂给适量的精料，尤其是对日增重有指定要求时更是非常必要。不同种类的粗料质量存在优劣情况，精料应根据粗料的品质配合，用量控制在每天每头 1.5~3 千克，日粮蛋白质水平控制在 13%~14%。

（二）12 月龄至初次配种

12 月龄以后，育成牛的消化器官已接近成熟。同时，这一阶段牛没有妊娠和哺乳的负担，牛一般采食足够的优质粗饲料，基本能够满足其营养需要。如果粗饲料质量较差时，就要适当补喂精料。一般精料喂量控制在 1~4 千克，并注意补充钙、磷、食盐和必要的微量元素。

（三）配种受孕后至产犊

育成母牛配种受胎后，一般仍按受胎前的饲养方法继续饲养。但是在产犊前 2~3 个月，需要加强营养，满足胎儿后期快速增长和准备泌乳的营养需要，尤其是加强维生素 A、钙、磷的供给。这一阶段日粮不能过于丰富，应以品质优良的青草、干草、青贮料和块根为主，精料饲喂量根据膘情情况控制在 4~7 千克。干物质采食量控制在每天每头 11~12 千克。

三、育成牛的管理

（一）分群管理

育成牛不论采取拴系饲养还是散放饲养，公母牛都应分群管理，最好在公犊断奶前就实施分群管理，防止公牛偷配，影响整个牛群的遗传结构。一般在生产上，根据牛群大小、性别、年龄、体格进行分群，尽量把月龄相近的牛再分群，一般母牛按 6~12 月龄和 13 月龄至产犊分别组群。

（二）生产记录

1. 发育情况

育成牛全部进行档案登记，并记录相关生长发育数据。根据记录，可以了解个体生长发育情况，检验、判断饲料与饲喂管理工作是否存在问题。一般从断奶开始测量并记录体高、胸围、体斜长、体重等数据，最好做到一月测一次。

2. 发情记录

一般肉牛在 10~12 月龄前后开始发情，达到性成熟阶段，但此时并未体成熟。若此时配种，则会影响个体自身发育和终身生产性能。因此，当牛出现发情时，要记录初次发情时间、发情周期和预计配种日期。初次发情月龄是检验饲养管理是否得当的一个重要标准。过早发情，可能是营养过剩、肥胖所致；过完发情，则与营养不足有很大关系。育成（母）牛发情周期范围 18~22 天，平均为 20 天。成年母牛发情周期为 20~24 天，平均为 21 天。

3. 配种与妊娠检查记录

牛必须发育到体成熟阶段才可配种。一般情况，最佳配种时间以牛体发育匀称、体重达到成年体重 70% 以上为宜。初次配种年龄一般为 18~20 月龄，饲养管理条件好的牛场，初配时间均提前，15~16 月龄即可配种。对发情牛只，除了记录行为、黏液等外部表现外，还应记录直肠检查情况。配种人员如执行输精操作，还需记录配种日期、公牛编号等信息；对于已配牛只，进行妊检后，也应对检查日期、直检情况进行记录。另外，还要做好驱虫、防疫、检疫等方面的记录。

（三）制订生长计划

根据育成牛不同阶段的生长发育特点和饲草饲料供应状况，确定不同月龄的日增重目标，制定生长计划。首先要核算出育成牛的平均断奶重，再利用平均断奶重计算出该品种达到配种时体重所需的平均日增重，从而制订相应的饲养计划。

（四）充足的运动和光照

这主要是针对舍饲条件而言的。为促进育成牛健康、体格健壮，适当的运动和充足的光照是非常重要的。舍饲时，平均每头牛占用运动场面积 10~15 米^2，每天应至少有 2 小时的运动量。

（五）修蹄

放牧饲养时，可在 6~7 月龄、9~10 月龄、14~15 月龄进行修蹄；舍饲条件下，每 6 个月修蹄一次。

（六）刷拭

刷拭是舍饲条件下饲养管理过程中很重要的环节，也是被很多牛场忽视的环节。经常刷拭牛体，有利于牛体表血液循环、预防皮肤病、促进牛只健康生长。刷拭时，可以先用稻草等充分摩擦，再用金属挠子去掉污物，然后用刷子或扫帚反复刷拭。每天最好刷拭牛体 1~2 次，每次 5 分钟。现在很多现代化的规模肉牛场，都在运动场或牛舍内安装了自动牛体刷，既满足了牛只个体需要，又降低了人工成本和劳动强度。

（七）清洁、消毒

保持圈舍干燥、清洁，严格执行消毒和卫生防疫程序。

第四节　基础母牛的饲养管理

一、空怀母牛的饲养管理

空怀母牛的饲养管理主要是围绕提高受配率、受胎率，充分利用粗饲料，降低饲养成本而进行的。繁殖母牛在配种前应具有中上等膘情，过瘦过肥都会影响繁殖性能。在日常饲养管理工作中，倘若喂给过多的精料且运动不足，易使母牛过肥，造成不发情。在肉用母牛的饲养管理中，这是最常出现的，必须加以注意。但在饲料缺乏、母牛瘦弱的情况下，也会造成母牛不发情。这种情况在干旱歉收的年景或草畜比例失调的地区容易出现。实践证明，如果母牛前一个泌乳期内给以足够的平衡日粮，同时劳役较轻，管理周到，能提高母牛的受胎率。瘦弱母牛配种前1~2个月加强饲养，适当补饲精料，也能提高受胎率。

母牛发情，应及时予以配种，防止漏配和失配。对初配母牛，应加强管理。防止野交早配。经产母牛产犊后3周要注意其发情情况，对发情不正常或不发情者，要及时采取措施。一般母牛产后1~3个发情期，发情排卵比较正常，随着时间的推移，犊牛体重增大，消耗增多，如果不能及时补饲，往往母牛膘情下降，发情排卵受到影响。因此，产后多次错过发情期，则情期受胎率会越来越低。如果出现此种情况，应及时进行直肠检查，摸清情况，及时处理。

母牛出现空怀，应根据不同情况加以处理。造成母牛空怀的原因，有先天和后天两个方面。先天不孕一般是由于母牛生殖器官发育异常，如子宫颈位置不正、阴道狭窄、幼稚病、异性孪生的母犊和两性畸形等，先天性不孕的情况较少，在育种工作中淘汰那些隐性基因的携带者，就能加以解决。后天性不孕主要是由于营养缺乏，饲养管理不当和生殖器官疾病所致。

成年母牛因饲养管理不当造成不孕，在恢复正常营养水平后，大多能够自愈。在犊牛时期由于营养不良致生长发育受阻，影响生殖器官正常发育而造成的不孕，则很难用饲养方法补救。若育成母牛长期营养不足，则往往导致初情期推迟，初产时出现难产或死胎，并且影响以后的繁殖力。

运动和日光浴对增强牛群体质、提高牛的生殖机能有密切关系。牛舍内通风不良，空气污浊，含氨量超过 0.02 毫克/升，夏季闷热、冬季寒冷、过度潮湿等恶劣环境极易危害牛体健康，敏感的个体，很快停止发情。因此，改善饲养管理条件十分重要。

二、妊娠母牛的饲养管理

孕期母牛的营养需要和胎儿生长有直接关系。胎儿增重主要在妊娠的最后 3 个月，此期的增重占犊牛初生重的 70%~80%，需要从母体吸收大量营养。如果胚胎期胎儿生长发育不良，出生后就难以补偿，增重速度减慢，饲养成本增加。同时，母牛体内需蓄积一定养分，以保证产后泌乳量。妊娠前 6 个月胚胎生长发育较慢，不必为母牛增加营养。对妊娠母牛保持中上等膘情即可。一般在母牛分娩前，至少要增重 45~70 千克，才足以保证产犊后的正常泌乳与发情。

以放牧为主的肉牛业，青草季节应尽量延长放牧时间，一般可不补饲。枯草季节，根据牧草质量和牛的营养需要确定补饲草料的种类和数量，特别是在怀孕最后的 2~3 个月，应进行重点补饲。需要指出的是，牛由于长期吃不到青草，维生素 A 缺乏，可用胡萝卜或维生素 A 添加剂来补充，冬天每头每天喂 0.5~1 千克胡萝卜，另外应补足蛋白质、能量饲料及矿物质的需要。精料饲喂量控制在每头每天 0.8~1.1 千克。精料配方（每 100 千克中含量）：玉米 50 千克、糠麸类 10 千克、油饼类 30 千克、高粱 7 千克、石灰石粉 2 千克、食盐 1 千克，另每 100 千克添加维生素 A 100 万国际单位。

舍饲情况下，按以青粗饲料为主适当搭配精饲料的原则，参照饲养标准配合日粮。粗料如以玉米秸为主，由于蛋白质含量低，要搭配 1/3～1/2 优质豆科牧草，再补饲饼粕类，也可以用尿素代替部分饲料蛋白质。粗料若以麦秸为主，肉牛很难维持其最低需要，必须搭配豆科牧草，另外补加混合精料 1 千克左右。妊娠牛不能喂冰冻、发霉饲料。饮水温度要求不低于 10℃，饲喂顺序：在精料和多汁饲料较少（占日粮干物质 10% 以下）的情况下，可采用先粗后精的顺序饲喂。即先喂粗料，待牛吃半饱后，在粗料中拌入部分精料或多汁料碎块，引诱牛多采食，最后把余下的精料全部投饲，吃净后下槽。若精料量较多，可按先精后粗的顺序饲喂。

妊娠后期应做好保胎工作，无论放牧或舍饲，都要防止挤撞、猛跑。临产前注意观察，保证安全分娩。在饲料条件较好时，应避免过肥和运动不足。充足的运动可增强母牛体质，促进胎儿生长发育，并可防止难产。纯种肉用牛难产率较高，尤其初产母牛更高，需要切实做好助产工作。

三、围产期母牛的饲养管理

围产期是母牛分娩前 15 天到分娩后 15 天，这一时期饲养的好坏直接影响到生产的稳定性和持续性。在此期间内母牛生理上变化很大，所以在饲养管理上要特别注意，使之安全分娩，保证母子健康、平安。一般母牛的妊娠期为 283～285 天，可以从配种日期推算预产期，简便的方法是：用配种月份减 3，日数加 10 计算。

（一）按照预产期调整饲养，做好接产的准备工作

妊娠母牛给精料较多时，在预产期的前 2～3 天应适当控制精料量，且精料可提高一些麦麸的含量，减喂食盐，不喂甜菜渣、酒糟等，喂给优质的干草。

母牛临产前 2 周，用 2% 火碱水将产房消毒，铺垫清洁褥草，让母牛进住产房，提早适应周围环境，且保持安静、干燥。没有产

房，也应在预产期的 1 周前，清扫、消毒牛床，铲除牛粪和杂物，铺垫褥草，保持牛床卫生、干燥。临产牛应由专人饲养和值班看护，发现临产征兆，估计分娩时间，准备接产工作。一旦发现母牛有腹痛、不安、频繁起卧等现象，说明母牛即将生产。母牛的分娩征兆包括以下几个方面：在分娩前乳房发育迅速，体积增加，腺体充实，乳头膨胀；阴唇在分娩前 1 周开始逐渐松弛，肿大，充血，阴唇表面皱纹逐渐展平；在分娩前 1~2 天阴门有透明黏液流出；分娩前 1~2 周骨盆韧带开始软化，产前 12~36 小时荐坐韧带后缘变得非常松软，尾根两侧凹陷；临产前母牛表现不安，常回顾腹部，后躯摇摆，排粪尿次数增多，每次排出量少，食欲减少或停止。上述征兆是母牛分娩前的一般表现，由于饲养管理、品种、胎次和个体之间的差异，往往表现不完全一致，必须根据母牛的具体情况和表现，全面观察，综合判断，才能做出正确估计。在正常分娩过程中，母牛可以将胎儿顺利产出，不需人工辅助。但是对初产母牛，胎位异常及分娩过程较长的母牛要及时进行助产，以缩短分娩过程并保证胎儿的成活。

（二）做好产后护理工作

分娩时母牛体内损失大量水分，分娩后应立即给母牛饮温麸皮汤。一般用温水 10 千克，加麸皮 0.5~1 千克，食盐 50 克，红糖 250 克，搅拌均匀后喂给母牛。

分娩结束后，必须把乳房、后躯、尾部等污染部位，用温水洗净、擦干、消毒，并把污浊的垫草和粪便等从产房清除走，换上干净的垫草或垫料。胎衣一般 24 小时内可自行排出，值班人员应加强观察，如未排出，安排相关技术人员及时进行处理。母牛分娩后的最初几天，体力尚未恢复，消化机能很弱，必须给予容易消化的日粮，粗料应以优质干草为主，精料最好用玉米和麦麸，每日 1~2 千克，逐渐增加，并加入其他饲料，3~4 天后就可转为正常口粮。母牛产后恶露没有排净之前，不可喂给过多精料，以免影响生殖器官的复原和产后发情。产犊 1 周内，尽量让母牛饮用 37℃ 的温水，这一点在冬季尤为重要。

四、泌乳母牛的饲养管理

人们通常把母牛分娩前 1 个月和产后 70 天称作母牛饲养的关键 100 天，精饲料主要补在这 100 天里，这 100 天饲养的好坏，对母牛的分娩、泌乳、产后发情、配种受胎、犊牛的初生重和断奶重、犊牛的健康和正常发育都十分重要。带犊母牛的采食量及营养需要，是各生理阶段中最高的和最关键的。热能需要量增加 50%，蛋白质需要量加倍，钙、磷需要量增加 3 倍，维生素 A 需要量增加 50%。母牛日粮中如果缺乏这些物质，可能会使其犊牛生长停滞，患下痢、肺炎和佝偻病等，严重损害母牛和犊牛的健康。为了使母牛获得充足的营养，应给以品质优良的青草和干草。豆科牧草是母牛蛋白质和钙质的良好来源。为了使母牛获得足量的维生素，可多喂青绿饲料，冬季可加喂青贮料、胡萝卜和大麦芽等。

第五节　种公牛的饲养管理

种公牛是指符合品种标准，具有繁殖育种价值并留作种用的公牛。种公牛对牛群的发展和改良起着极其重要的作用，尤其是在人工授精和冷冻精液广泛应用的今天。常言道："公牛好好一坡，母牛好好一窝"，所以，一定要做好种公牛的饲养管理工作。

一、育成公牛的饲养管理

犊牛满 6 个月时即进入育成期，6~24 月龄的公牛处于快速生长发育的阶段。良好的饲养管理，不仅可以获得较大的增重速度（一般在 1 千克以上），而且可以提高公牛的培育质量。

（一）饲养

育成公牛的生长发育较母牛快，因此所需的营养物质较多，特别需要以精料的形式提供能量，以促进其迅速的生长和性欲的发展。饲养不足、营养水平过低会延迟性成熟的到来，并导致生产品质低劣的精液和生长速度减慢。对育成公牛除给予充足的精料外，还应让其自由采食优质干草。10 月龄时自由采食牧草、青贮料、青刈饲料或干草。精料喂量依粗料的质量而定。以青草为主时，精、粗料的干物质比例为 55：45；以干草为主时，其比例为 60：40。在饲喂豆科或禾本科优质粗料的情况下，对于周岁公牛乃至成年公牛，精料中粗蛋白质的含量以 12%左右为适合。

（二）管理

① 育成公牛应与母牛分开隔离，单槽饲喂。

② 为了便于管理，育成公牛年龄达到 10~12 月龄时就应进行穿鼻戴环，用皮带拴系好，沿公牛额部固定在角基下面。鼻环以不锈钢为最好。牵引公牛应坚持左右侧双绳牵导。对烈性公牛，须用勾棒牵引，由一人牵住缰绳的同时，另一人两手握住勾棒，勾搭在鼻环上以控制其行动。

③ 种公牛睾丸的最快生长期是 6~14 月龄，在此期间应加强营养和护理。

④ 种公牛必须坚持运动，要求上、下午各进行 1 次，每次 1.5~2 小时，行走距离约为 4 千米。运动的方式有旋转架运动、套爬犁或拉车运动等。实践证明，运动不足或长期拴系，会使公牛性情变坏，精液质量下降，易患肢蹄病和消化道疾病等。但运动过度，对公牛的健康和精液质量同样有不良影响。

⑤ 刷拭和洗浴也是管理公牛的重要操作项目，以保持牛体清洁卫生，促进血液循环，并使公牛温驯易管理。

二、成年公牛的饲养管理

（一）饲养

成年公牛值得是大于 24 月龄的公牛。日粮要求干草 12 千克/天，精料 3~5 千克/天，粗蛋白质含量 15%，其余含量与育成牛相同。饲料量应根据不同公牛的体况和营养标准进行适当调整。日粮应是全价营养，多样配合，适口性好，容易消化，精、粗、青搭配适当。对种公牛来说，应注意多汁饲料和粗饲料不可过量，以免形成"草腹"，也不宜喂过量的能量防止过肥。公牛日粮中钙的含量不宜过多，特别是对老年公牛。当饲喂豆科粗料时，精料中不需再补充钙质。

（二）管理

1. 定期检查、护理睾丸和阴囊

种公牛精子的生产与睾丸的周径有密切关系，一般周径在33厘米以下的基本不育。睾丸大的公牛，产生的精液量相对就大。为促进睾丸发育，还要经常按摩和护理，保持阴囊的清洁卫生，一般每次按摩5~10分钟。炎热季节，要采取措施做好防暑降温工作，尤其是阴囊的降温，以保证精液质量。

2. 合理采精，延长使用年限

种公牛18月龄正式投入使用。开始时，每10~15天采精1次，以后逐渐增加至每周2次。采精一般在饲喂后的2~3小时进行，最好选择早晨或晚上进行操作。种公牛采精前30分钟内不能饮水。当种公牛年龄达到3~4岁时，生产的精液受胎率最高，5~6岁后繁殖机能下降，只有通过加强饲养管理来延缓这一进程，以提高使用年限。另外需要注意的是，采精架既不可过高，也不可过低，以免影响爬跨或伤前肢；采精室地面最好用混凝土处理，且厚铺橡胶垫子，以防尘土飞扬而影响精液品质，地面太光会使牛只滑跌或地面太硬而使牛只伤蹄。

3. 专人管理

种公牛记忆力强，故应专人负责管理，以便建立人畜感情。应严肃大胆、谨慎细心、恩威并施地对待牛只，以便使牛养成听人指引和接近人的习惯。严禁打骂、逗弄公牛，以免公牛记仇或养成顶人恶癖。还要避免饲养人员和采精人员参加兽医防治工作，以免牛只报复。公牛要戴笼头和鼻环，以便牵引或拴系。管理人员需经常检查笼头、鼻环和缰绳，以防逃脱而相互角斗。应安装牢固的隔栏、围栏，以防乱跑或乱施牛劲。

4. 适当运动

运动对种公牛来说是一项非常重要的管理工作，适当的运动，能使牛身体健康，举动灵活，爬跨轻松，性情温顺，性欲旺盛，精液量大质优，还可防止肢蹄变形和身体变肥。目前，有些配种站或种牛场的公牛运动量很少，甚至整天拴着不动，对牛的健康和配种或采精危害很大。杨凌金坤公司、科元公司和牛群公司等场家的种公牛，除在运动场沿钢丝绳自由运动以外，每天还在转盘上运动 2 小时左右，这种做法，值得借鉴。

5. 定期称重

种公牛以保持中等膘情为宜，不能过肥。过肥，不但影响性欲和精液品质，而且体格笨重，不便爬跨。因此，应每 3 个月称重 1 次，有条件的 1 个月 1 次，以便根据体重变化情况及时调整日粮配方和饲喂量。

6. 定期刷拭

种公牛应护理好皮肤，因而每天应刷拭 2 次。刷拭要细致，牛体各部位的尘土、污垢都要清除干净，特别是头部和颈部，否则会因尘土、污垢黏着而发痒，易养成顶人顶物的恶习。必要时，在夏季可给牛洗澡，以确保皮肤清洁。刷拭不可在饲喂时进行，以免牛毛、尘土、污垢落入饲槽。

7. 及时修蹄

种公牛每年应修蹄 2~4 次，每日应清除掉蹄壁和蹄叉内的粪土。经常检查检查蹄趾有无异常，要求保持蹄壁和蹄叉洁净；经常涂抹凡士林或无刺激性的油脂，以防蹄裂；发现蹄病及时治疗，蹄形不正则须矫正。

8. 防止角斗行为

饲喂公牛、牵引公牛或采精时，必须注意其表现，当公牛用前蹄刨地或用角擦地时是准备角斗的行为，应防止出事。对于顶人的公牛必须采取措施，可用公牛棒（带钩的铁棍或木棍）钩住鼻环牵引；或在牛舍到配种架（采精架）的沿途设置栏杆，使牛在栏杆一边行走，而人在另一边牵引，以防人被牛顶。

第八章 肉牛生产育肥技术

加强肉牛生产管理是提高肉牛生长速度和牛肉质量的基本保证。通过提升肉牛育肥技术水平，不仅能提高生产性能，而且可以获得明显的育肥效果和经济效益。因此掌握科学、合理的肉牛育肥技术在肉牛养殖过程中就显得至关重要。

第一节 肉牛育肥基本知识

一、肉牛的生长规律

肉用牛的产品主要是肉及副产品，因此须了解其生长规律，充分利用生长特点，以利于生产数量多、品质好的产品。

（一）体重

体重是反映肉牛生长情况最直观、最常用的指标，主要有初生重、断奶重、周岁重、成年重、平均日增重等指标。增重受遗传和饲养两方面的影响，增重的遗传力较强。据估计，断奶后增重的遗传力为 50%~60%，是选种的重要指标。营养水平对肉牛生长发育影响也很大，营养水平低，就不可能发挥遗传潜力，使生长受阻。在满足营养需要的前提条件下，牛的体重呈渐进直线式曲线增长。在充分饲养的条件下，12 月龄以前的生长速度很快，以后逐渐变慢，临近体成熟时生长更慢。掌握这一特点，可以在生长发育迅速阶段提供充足饲料，充分发挥生长潜力，提高饲料报酬率。

由于生长快的牛在饲料利用效率方面比生长慢的牛要高（用于维持需要的饲料，日增重 0.80 千克的犊牛为 47%，日增重 1.1 千克的犊牛只有 38%），在生产实践中应注意以下两点。

① 在牛强烈生长时期（12 月龄前）应充分饲养，以发挥增重效益。

② 在体重达到体成熟（成年体重的 70% 左右）即行屠宰，是充分利用了牛一生中生长速度最快的阶段，这是最经济的。正常饲养条件下一定体重范围内，体重越大，屠宰率越高，因为体重越大则肌肉和脂肪越能得到充分生长，这也是国外肉牛育肥中饲养大体重肉牛的原因之一。初生重与遗传、孕牛管理、妊娠期长短有直接关系，初生重与增重、断奶重均呈正相关，是选种的主要指标，但初生重高导致难产率的提高，所以断奶重便成为选种的主要指标。

（二）体组织的生长

牛体组织的生长直接影响到体重、外貌和肉的品质。

1. 生长特点

（1）肌肉　肌肉生长的速度和时期与肌肉功能、使用情况有密切关系，如桡骨伸张肌为分布在膝盖骨的主要肌肉，其功能主要是保证犊牛哺乳活动和运动，因而出生前生长快，出生后生长缓慢。腹外斜肌为腹壁外的肌肉随消化道的发育加快生长速度，并有粗饲料比例高的日粮较粗饲料低的日粮生长快的情况。而颈夹板肌在公牛进入性成熟后生长很快，母牛和阉牛在各个时期都是匀速生长。

（2）脂肪　生长速度在初生到 1 岁间比较缓慢，以后加快，其生长速度加快的顺序为：网油—板油—皮下脂肪—纤维束间脂肪。因而要使肉质变嫩，适口性增强，国外一般到体重再无法增加时即行屠宰。

（3）骨　初生犊牛骨已能负担体重，四肢骨的相对长度比成年牛高，以保证出生后跟随母牛哺乳，出生后骨的增长一直保持平缓增长。

2. 影响因素

（1）品种　成熟性不同的牛体组织在生长中的变化。早熟品种在体重较轻时，就能达到成熟年龄的体组织比例，因而有较早的肥育年龄。晚熟品种则相反。例如早熟的安格斯牛断奶后饲养 153

天胴体脂肪比例较晚熟的品种夏洛莱牛断奶后饲养 190 天时还要多。

（2）年龄 牛体组织占胴体的比例，随年龄的增长有很大变化。肌肉在胴体中的比例先增加而后下降，脂肪比例持续增加，骨的比例持续下降。

（3）性别 公牛肌肉较多，脂肪较少，脂肪生成较晚，骨稍重，前躯肌肉发达。阉牛肌肉较少，脂肪较多，脂肪生成较早，骨轻，前躯肌肉较差。阉牛和公牛相比，不仅胴体脂肪比例高，内脏脂肪比例（阉牛占活重 7.5%，公牛占活重 5.09%），皮下脂肪和肌肉间脂肪比例（阉牛占活重 4.26%，公牛占活重 2.82%）也高。

二、影响肉牛生产性能的因素

（一）品种和类型

不同用途的牛和不同品种的牛产肉性能差异很大，这是影响肥育效果的重要因素之一。肉用牛比肉乳兼用牛、乳用牛和役用牛能较快地结束生长，因而能早期进行肥育，提前出栏，节约饲料，并且能获得较高的屠宰率和胴体出肉率，肉的质量也好，胴体中所含不可食部分（骨和结缔组织）较少，能够较均匀地在体内贮积脂肪，使肉形成大理石纹状，因而肉味鲜美，质量高。其屠宰率在肥育后为 60%~65%，高者达 68%~72%，而兼用品种牛为 55%~60%，肉乳兼用的西门塔尔牛为 62%，乳用品种牛未育肥为 35%~43%，育肥后 50%。另外，同一品种或类型中不同的体形结构产肉性能也会不同。

（二）年龄

年龄不同，胴体体品质也不同，幼龄牛肉纤维细嫩，水分含量高（初生犊牛，70%以上），脂肪含量少，味鲜、多汁。随年龄增长，纤维变粗，水分含量减少（两岁阉牛胴体水分为 45%），脂肪含量增加，不同年龄牛的售价也有很大差异。

年龄不同，增重速度不同，出生后第 1 年肉器官和组织生长最快，以后速度减缓，而第 2 年的增重为第 1 年的 70%，第 3 年为第

2 年的 50%，因此肉牛以 1 岁最多不超过 2 岁屠宰为好。幼牛维持消耗少，单位增重耗饲料少，饲料利用率高。体重的增长主要是肌肉、骨骼和各器官的生长。而年龄大的牛则相反，体重增长主要靠脂肪沉积，其热能消耗约为肌肉的 7 倍。因此幼牛的肥育较老年牛更为经济。

（三）性别

性别对体形、胴体形状和结构、肥度、肉品质都有很大的影响，国外商业价格也有较大差异，因此往往将肉用按性别和大小分为五类：

阉小公牛——早期去势公牛，在性成熟前未表现公牛特征时去势的公牛，这是市场供应最多的牛。

阉大公牛——已表现雄性特征和性成熟后去势的公牛。

公牛——未去势的公牛。

小母牛——没有怀孕或尚处于怀孕期尚未发育结束的母牛。（适于短期肥育，可早结束发育，提早上市）。

母牛——已分娩一胎或一胎以上，以及初胎怀孕后期已结束发育，具备成年母牛形态的牛。

性别不同，增重速度不同，公牛增重速度最快，阉牛次之，母牛最低，特别是育成公牛和阉牛相比，生长率高，饲料报酬较高，眼肌面积大，胴体瘦肉含量多，最佳屠宰体重高，达到相同胴体质量时活重较大，屠宰率高，脂肪少，可食肉比例高，因而商品价格高。

母牛和阉牛、公牛的肉质相比，其肌纤维细嫩，结缔组织少，肉味好，易肥育。但缺点是肥育生长速度慢，易受发情干扰。在育肥时，可采用育肥后期放入公牛配种使之怀孕或摘除卵巢以消除发情干扰。淘汰母牛和老龄母牛肥育时肉质差，增重多为脂肪，成本高，但可以充分利用粗饲料各种残渣，相对节约开支，但肥育期不宜过长，体形较为丰满时即时屠宰为最适宜。

（四）饲养水平

饲养水平是提高产肉量和肉品质的最主要因素，正确地进行饲养，组织安排放牧肥育和舍饲肥育是肉牛生产的决定性环节。试验证明，饲养丰富的幼年阉牛，比饲养贫乏的牛体重、胴体重、肉和油脂产量等都高1倍多。另外，正确的组织放牧和利用草场，100~150天能增加体重100~150千克，幼牛体重增加60%~70%，成年牛体重增加40%~50%。

三、肉牛育肥原理

肉牛育肥的目的是为了增加屠宰牛的肉和脂肪，改善肉的品质。从生产者的角度而言，是为了使牛的生长发育遗传潜力尽量发挥完全，使出售的供屠宰牛达到尽量高的等级，或屠宰后能得到尽量多的优质牛肉，而投入的生产成本又比较适宜。

要使牛尽快肥育，则必须使日粮中的营养成分含量高于牛本身维持和正常生长发育之需要，促进肌肉组织的快速生长，并使多余的营养尽量以脂肪的形式沉积于体内，获得高于正常生长发育的日粮增重，缩短出栏日龄，达到按期上市或提前出售的过程。所以牛的肥育又称为过量饲养，旨在使构成体组织和贮备的营养物质在牛体的软组织中最大限度地积累。肥育牛实际是利用这样一种发育规律，即在动物营养水平的影响下，在骨骼平稳变化的情况下，使牛体的软组织（肌肉和脂肪）数量、结构和成分发生迅速的变化。

第二节 肉牛常用育肥技术

一、育肥方式

肉牛育肥有多种方式。虽然牛的育肥方式各异，但在实际生产中网胃是互相交叠应用的。

（1）按年龄划分 犊牛育肥、育成牛（或青年牛）育肥、成年牛育肥（含淘汰牛育肥）。

（2）按性别划分 公牛育肥、母牛育肥、阉牛育肥。

（3）按育肥所用的饲料类型划分 精料型直线肥育、前粗后精型架子牛肥育。

（4）按饲养方式划分　放牧育肥、放牧＋补饲育肥、舍饲育肥。

（5）按育肥时间长短划分　持续育肥、吊架子育肥（后期集中育肥）。

二、不同年龄段肉牛的育肥

（一）犊牛育肥

犊牛出生后，用全乳、代乳品、精饲料等饲喂，直接进行肥育，经过 10~12 个月的肥育，体重达到 450 千克以上时即出栏。这里有别于小牛肉生产技术，后者属高档牛肉生产，将在下一节中进行阐述。

1. 育肥期

（1）第一阶段为适应期　一个月左右。日粮配方为：酒糟 5~8 千克，玉米面 1~2 千克，优质青干草 15~20 千克，麸皮 1~1.5 千克，食盐 30~35 克。如初期消化不良，应加喂干酵母约 30 片。

（2）第二阶段为增肉前期　4~5 个月。日粮配方为：酒糟 15~20 千克，玉米面 3 千克，青干草 5~10 千克，麸皮 1 千克，豆饼 1 千克，尿素 50 克，食盐 30~40 克。

（3）第三阶段为增肉后期　2~3 个月。日粮配方为：酒糟 20~25 千克，玉米面 3~4 千克，青干草 2.5~5 千克，麸皮 1 千克，豆饼 1 千克，尿素 100 克，食盐 50 克。此期末，可见肉牛背部形成背槽。

（4）第四阶段为催肥期　1.5~2 个月。进一步增喂精料，促进膘肥肉满，沉积脂肪。日粮配方为：酒糟 25 千克，玉米面 4~5 千克，麸皮 1.5 千克，豆饼 1.5 千克，尿素 150 克，食盐 70 克。如牛有厌食现象或消化不良，可喂酵母 40~60 片。

2. 管理要点

① 育肥期应给予高营养，使日增重保持在 1.2 千克以上。

② 主要采用舍饲、拴养方法，系绳要短，以减少牛体能量消

耗。一般在5周龄后拴系饲养。

③ 充分接触阳光和运动，若无条件则要补充维生素D。

④ 定期刷拭牛体，刺激皮肤，促进血液循环，增强代谢功能。

⑤ 创造良好环境，牛舍冬暖夏凉，保持干燥、清洁、并定期消毒牛舍。

（二）育成牛育肥

育成牛（或青年牛）育肥是将6月龄断奶的健康犊牛饲养到1.5岁，使其体重达到400~500千克出栏。由于育成牛处在饲料利用率较高的生长阶段，增重快，饲养期短，所以总效率高。这种方法在美国、加拿大和英国广泛采用。育成牛育肥方式有舍饲育肥、放牧+舍饲育肥、放牧育肥3种方法，鉴于农区育成牛饲养方式以舍饲育肥为主，另外两种方式不做介绍。

1. 育肥阶段

一般分为适应期、增肉期和催肥期3个阶段。

（1）适应期　主要是让犊牛适应育肥的环境和饲料，起过渡作用。刚进舍的断乳犊牛，一般要有一个月左右的适应期，应让其自由活动，充分饮水，饲喂适量优质青草或干草、麸皮。

（2）增肉期　一般为8~9个月，时间较长，可分为增肉前期和增肉后期。前期牛的体重小，饲料采食量小；后期体重增加，采食量增加。

（3）催肥期　主要是促进牛体膘肉丰满，沉积脂肪，一般为2~3个月。

2. 管理要点

（1）适应期日粮的组成　以优质干草、麸皮为主。麸皮每日每头0.5千克，以后逐步加麸皮喂量。当犊牛能进食麸皮1~2千克，逐步换成育肥料，适应期即结束。在适应期，日粮饲喂量应达到青草或酒糟3~5千克，氨化秸秆5~8千克，麸皮1~1.5千克，食盐30~50克。如果达不到上述饲喂量，牛的增重就会受到影响。

（2）增肉期的日粮　应分前后期两种。前期日粮参考配方为：青草8~10千克，氨化秸秆5~10千克，麸皮、玉米粗粉、饼类各

0.5~1 千克，尿素 50~70 克，食盐 40~50 克。后期日粮参考配方为：青草或酒糟 10~15 千克，氨化秸秆 10~15 千克，麸皮 0.5~1 千克，玉米粗粉 2~3 千克，饼类 1~1.3 千克，尿素 80~100 克，食盐 50~60 克。

（3）催肥期日粮 能量饲料要适当增加。日粮参考配方为：青草或酒糟 15~20 千克，氨化秸秆 10~15 千克，麸皮 1~1.5 千克，玉米粗粉 3~3.5 千克，饼类 1.3~1.5 千克，尿素 80~100 克，食盐 70~80 克。为提高催肥效果，可使用瘤胃素，每日 200 毫克，混于精料中饲喂，体重可增加 10%~20%。

（三）成年牛育肥

成年牛是指失去繁育、产奶、劳役等生产价值的老、弱、瘦、残牛，包括因年龄较大淘汰的种牛、役用牛等。成年的老、弱、瘦、残牛在牛群中占一定的比例。造成老残牛的原因不外乎有四个方面：一是劳累过度，体力消耗过多（退役牛）。二是体内有寄生虫。三是牛胃肠消化机能紊乱，消化吸收功能不好。四是长期的粗放饲养，造成营养不良体质瘦弱的牛。这类牛产肉量低，肉品质差，通过科学合理的配合饲料和育肥管理技术，用尽可能少的饲料消耗获得尽可能高的日增重、出栏体重，增加皮下和肌肉纤维间的脂肪，提高产肉量，改善肉的品质。在饲养上，要选择营养价值高、易消化吸收的饲料，如优质青草、青贮玉米秸秆、氨化秸秆等。日粮组成以能量饲料、青贮饲料为主。日粮中粗纤维含量占到总干物质的 13% 以上，要求每 100 千克体重消耗的日粮干物质为 2.2~2.5 千克。这种牛育肥期平均日增重可达 1.5~1.8 千克，全期增重 90~150 千克。

在管理上，成年牛育肥一般采用强度育肥法，即在 80~100 天内达到育肥出栏的目的，育肥期不宜超过 4 个月，尤其是强度育肥期，一般控制在 50~60 天为宜。育肥饲养期尽量安排在 6~11 月为宜，在秋末膘情好时出栏，不仅能多产肉，而且能减轻牛只越冬压力。注意事项如下。

① 成年牛、老龄牛育肥前要进行两病筛查等兽医检验，对患

有结核、布病的牛只不能用作育肥。

② 驱虫：内服敌百虫，剂量为每千克体重 50 毫克，一次内服，每天一次，连服两天。或按每千克体重 2.5～10mg 的丙硫咪唑拌料饲喂。

③ 牛买来后或育肥前要让其充分休息。

三、不同性别肉牛的育肥

性别对体形、增重速度、胴体形状和结构、肉的品质、胴体肥度都有很大的影响，在相同饲养条件下，公牛生长最快、阉牛次之，母牛最慢。

（一）公牛育肥

公牛育肥以一牛一栏拴系饲养较为安全，且拴系的绳子必须结实耐用。因为公牛比较敏感，对周边变化的反应异常强烈，严重影响公牛的采食量。同时公牛对母牛的气味异常敏感，必须远离母牛饲养。另外，利用公牛有争料抢食的行为特点，可以将食槽做成通长的槽沟，间隔一定距离加上隔断，这样公牛在采食时看到左右的牛都在采食，误认为有牛与自己争食而加快采食速度，可节约饲喂时间。有研究数据表明，育肥公牛较育肥阉牛日增重可提高 14.4%，饲料利用率提高 11.7%，饲料报酬较高，眼肌面积大，而且胴体瘦肉多、脂肪少，因此，对 24 月龄以内的公牛进行育肥，一般不做去势。

（二）母牛育肥

母牛育肥的方式只适于短期肥育上市。育肥母牛和育肥阉牛、公牛的肉质相比，其肌纤维细嫩，结缔组织少，肉味好，易肥育。但缺点是肥育生长速度慢，易受发情干扰。在育肥时可采用育肥后期放入公牛配种使之怀孕或摘除卵巢以消除发情干扰。淘汰母牛和老龄母牛育肥时肉质差，增重多为脂肪，成本高，但可以充分利用粗饲料各种残渣，相对节约开支，但育肥期不宜过长，体形较为丰满时即时屠宰为最适宜。

（三）阉牛育肥

公牛去势，有利于肉牛育肥，若不去势，性情暴躁，好斗，不易管理，还会伤人。从屠宰成绩看，阉公牛的牛肉大理石花纹等级、嫩度、肉块重量、胴体脂肪沉积量、眼肌面积以及牛肉售价等方面，均要好于未去势公牛育肥效果。

四、不同饲料类型肉牛的育肥

（一）精料型直线肥育

精料型直线肥育即在育肥过程中最大限度地喂给精饲料，最小限度地喂给粗饲料，使肉牛快速生长发育，快速出栏。优点是肉牛增重快，育肥周期短，肉质好，便于规模化饲养。缺点是消耗精料量大，成本高。

1. 技术指标

7~8月龄、体重 250~270 千克的肉牛，经过 10~12 个月育肥，平均日增重 850 克，出栏体重达到 500~550 千克。

2. 技术要点

（1）育肥前期 育肥前期是指育肥期前 20 周或体重 400 千克以下的时期。这一时期，平均日增重要达到 1 千克，同时为防止脂肪过早、过快沉积，粗饲料的比例应该在 35% 左右。

（2）育肥后期 育肥后期是指从育肥期第 21 周以后或体重达到 400 千克以上的时期。这一时期，平均日增重要保持在 600~800 克，同时，为了加快肌肉和脂肪地生长，粗饲料的比例应该在 20% 左右，最低限度不少于 10%。粗饲料需进行加工处理，进行粗粉碎或压扁加工。喂精料时，要混入 10%~15% 的粗饲料，以免肥育牛采食过多的精料，而引起消化道疾病。

（二）前粗后精型架子牛肥育

前粗后精型架子牛肥育即在育肥过程中，前期以粗饲料为主，在低营养状态下维持体躯生长，后期以饲喂精饲料为主，在高营养状态下，发挥补偿增长的优势，加速肌肉和脂肪的生长。优点是育肥期耗料少，后期增重速度快，出栏体重大，肉质好。缺点是整个育肥过程增重速度慢，育肥时间长。

1. 技术指标

7~8月龄、体重250~270千克的肉牛，经过16~18个月育肥，平均日增重700~800克，出栏体重达到500~550千克。

2. 技术要点

（1）育肥前期 指育肥期开始的5~6个月时间，为低营养阶段。此时，日粮以粗料为主，比例可以达到50%以上，需注意日增重保持在400克以上。

（2）育肥中期 指育肥前期之后的5~6个月时间，为补偿生长阶段。此时，日粮应增加精料比例，粗料比例降至35%左右。

（3）育肥后期 指从育肥中期到出栏前5~8个月，为肉质改善阶段。在这一时期，进一步增加日粮中精料比例，将粗料比例降至10%~20%的区间。

五、不同饲养方式肉牛的育肥

（一）放牧育肥

放牧肥育是指从犊牛到出栏牛，完全采用草地放牧而不补充任何饲料的肥育方式。这种肥育方式适于人口较少、土地充足、草地广阔、降雨量充沛、牧草丰盛的牧区和部分半农半牧区。例如新西兰肉牛育肥基本上以这种方式为主，一般自出生到饲养至18个月龄，体重达400千克便可出栏。如果有较大面积的草山草坡可以种植牧草，在夏天青草期除供放牧外，还可保留一部分草地，收割调制青干草或青贮料，作为越冬饲用。这种方式也可称为放牧育肥，且最为经济，但饲养周期长。

要想获得良好的放牧育肥效果，须注意以下环节。

① 必须进行合理分群放牧。一般以50~100头为宜，而在丘陵、山地等地区以30~50头为宜。组群原则是牛的同质性高，即牛群个体在性别、年龄、体重、膘情等方面要基本一致。一致程度越高，生产效果越好，否则会影响整群牛的育肥效果。据报道，两种不同性别和年龄的牛进行组群放牧育肥试验，体重差异大的群体

育肥增重效果只有体重相近的群体的 2/3。

②通常情况下，北方放牧育肥时间安排在每年的 5~9 月。每天的放牧时间不少于 12 小时，自由饮水，注意补充适量食盐(2~3天补一次为佳)。

③在进行放牧之前，应对牛进行去角、修蹄、编号以及必要的免疫接种和驱虫，以提高增重效果。

④尽可能就近放牧，最远不超过 3 千米，并须避开河流、陡坡、悬崖等。

⑤进行放牧时，水源距放牧地不能太远，水干净无污染，供水稳定，不能经常更换水源。在有条件的情况下，可以设置饮水槽，在饮水时要注意管理，避免牛只拥挤和争斗。

(二) 放牧+补饲育肥

该肥育法适用于牧草条件较好的地区，在犊牛断奶后，就地以放牧为主，根据草场的质量等情况，适当补充精料或干草，体重在 18 月龄达到 400 千克以上。我国现有的草场过度放牧严重，只靠放牧牛自由采食牧草很难满足育肥牛生长的营养需要，因而宜采用放牧与补饲相结合的肥育方法，以达到良好的效果。实行放牧+补饲育肥的方式，既可以发挥草地优势，提高个体产肉量和品质，有可以提高肉牛商品化程度和养殖效益。一般情况下，每头牛每天补饲青草 3~5 千克、玉米 0.5~1 千克、棉籽饼 0.3~0.5 千克、食盐 50 克、尿素 50 克。补饲时，要先喂青草，然后将精料补充料混合均匀后拌在青草中，使其采食完为止。据统计，在放牧+补饲的条件下，肉用改良牛日增重可达到 1.5~2 千克，本地黄牛日增重可达到 1~1.25 千克。

采用放牧+补饲肥育法，与放牧育肥的不同点就是，该方式在收牧后进行补饲。放牧时，根据草地生长情况，注意观察牛的采食和体重，适当补充精饲料和干草。可按照每 20 天增加 0.1~0.15 千克或按照体重增加 1 千克补饲 2 千克的简易方法计算需要增加的精料量。其余注意事项均与放牧育肥相同。

（三）舍饲育肥

肉牛从出生到屠宰全部实行圈养的肥育方式称为舍饲肥育。舍饲的突出优点是使用土地少，饲养周期短，牛肉质量好，经济效益高。缺点是投资多，需较多的精料。适用于人口多、土地少、经济较发达地区。美国盛产玉米，且价格较低，舍饲肥育已成为美国的一大特色。舍饲肥育方式又可分为拴饲和群饲。

1. 拴饲

舍饲肥育较多的肉牛时，每头牛分别拴系给料称之为拴饲。国内采用这种饲养方法的牛场较多。拴系饲养占地面积小，粪便易清理，便于保持牛舍和牛体卫生，尤其是北方寒冷地区，拴系式饲养可采用塑料暖棚的圈舍，减少圈舍投资，又能起到保暖、降低饲料消耗的作用，是比较受小规模养殖者欢迎的一种方式。其优点是便于管理，能保证同期增重，饲料报酬高。缺点是运动少，影响生理发育，不利于育肥前期增重。一般情况下，给料量一定时，拴饲效果较好。

2. 群饲

群饲是育肥牛在牛舍内不拴系，高密度散放式饲养，自由采食、自由饮水的一种育肥方式。它是把一定数量的育肥牛圈围在牛舍一定空间内进行饲喂和管理。每头牛保证占有 4~6 米^2 的面积。群体饲养时，大多采用自由采食、自由饮水。一般把精料、粗料按照育肥牛的体质、膘情、增重等指标配制日粮，充分搅拌均匀后以 TMR 形式投入食槽或槽道，保证牛 24 小时有料吃、有水喝。群饲的优点是节省劳动力，牛不受约束，利于生理发育。缺点是：一旦抢食，体重会参差不齐；在限量饲喂时，应该用于增重的饲料反转到运动上，降低了饲料报酬。当饲料充分、自由采食时，群饲效果较好。

六、不同育肥期肉牛的育肥

（一）持续育肥

持续育肥也叫一贯育肥，是指犊牛断奶后，就地转入育肥阶段进行肥育，一直到出栏体重（12~18 月龄，体重 400~500 千克）。根据肉牛生长发育规律，分为预饲期、增肉期、催肥期三个阶段。

1. 预饲期

这一时期，由于犊牛刚断奶，进去新的育肥牛舍，产生的应激反应较大，因此，在育肥前，必须经过预饲，让犊牛适应育肥的新环境，调整瘤胃功能，并进行驱虫、健胃、称重、编号等档案登记，以便于今后管理。预饲期一般在 15~20 天。

预饲期开始的最初 5 天，为牛提供少量优质青绿饲料、青干草、麸皮等容易消化的饲料和充足的清洁饮水，食盐添加量以每 50 千克体重提供 10 克食盐，食盐和麸皮可放到温水中让牛自由采食。第 6 天开始驱虫，并逐渐增加麸皮用量。一般在预饲期的第 12 天左右，牛能够采食 1.5~2.0 千克麸皮，这时将小苏打（$NaHCO_3$）添加到日粮中，添加量以日粮 1% 为宜。同时逐渐添加育肥期饲料，到第 15 天以后，全部使用育肥期饲料，进入正式育肥期。

2. 增肉期

增肉期为预饲期结束后的 7~8 个月的时间。在这一时期，正是牛的性成熟期，骨骼、肌肉生长速度最快，体躯迅速向高、长增长，平均日增重可达 1.2 千克以上。因此，日粮营养要充足、全面，日粮结构以精饲料为主，精粗比例维持在 70：30 左右，供给量不少于体重的 2.3%~2.8%。饲料中的蛋白质含量不低于干物质总量的 12%，并提供充足的能量、钙、磷等。

3. 催肥期

从增肉期结束至出栏前，这一时期为催肥期。肉牛生长速度逐渐变慢，脂肪沉积加快，育肥主要是促进肉牛增膘，肌肉变得丰满。日粮干物质总量不低于体重的 2.1%，蛋白质含量不低于 10%，并提供充足的能量、钙、磷等。

（二）吊架子育肥

吊架子育肥也叫后期集中育肥，是指犊牛断奶后，以较低营养饲喂，首先搭成骨架，当体重达到 250 千克以上时，进行强度肥育，采用强度肥育方式，集中肥育3~4个月，充分利用牛的补偿生长能力，增加肌肉、脂肪的沉积，以改善肉质，一直到450~600千克，达到理想体重和膘情后出栏屠宰。这种肥育方式成本低，精料用量少，经济效益较高，应用较广。

1. 架子牛的选购

（1）品种 架子牛的优劣直接决定着肥育效果与效益。快速育肥的架子牛应选择优良的肉及其与本地牛的杂交后代，夏洛莱、西门塔尔、安格斯、利木赞等优良品种与本地黄牛的二元、三元杂交牛均有较好的肥育效果。

（2）年龄 牛的增重速度、胴体质量、饲料报酬等和牛的年龄有着密切的关系。年龄较小的牛，主要是靠肌肉、骨骼和各种器官的生长增加体重，饲料中粗料可占较高的比例，饲养成本低，饲养期短，经济效益相对较高；年龄大的牛则主要依靠体内贮积脂肪增加体重。架子牛的年龄最好是1.5~2岁，经2~6个月育肥，就能达到出栏要求出售屠宰。具体按育肥选择牛的年龄：计划饲养100~150天出售的，应选择1~2岁的架子牛；秋天购牛第2年出栏的，应选购1岁左右的牛，不要买膘情好，体重大的牛；利用大量粗料育肥牛时，以购2岁左右的架子牛为好。

（3）体重 架子牛的体重一般以12~18月龄，体重在300千克左右（250~350千克）较好。

（4）健康 架子牛应该选择精神饱满、体质健壮、鼻镜湿润、反刍正常、双目明亮有神、双耳竖立且活动灵敏、被毛光亮、皮肤薄而有弹性、行走自如的个体。外貌品相上，应选择体格高大、前躯宽深、后躯宽长、四肢粗壮的牛。如果牛表现出负重不均，肢蹄疼痛，肢端怕着地，抬腿困难或蹄匣不完整，则说明该牛有腿部疾病，要谨慎选购。特别对于拴系饲养，牛舍地面较硬时，肢蹄疾病常可能导致牛中途淘汰。

2. 架子牛的运输

牛在运输途中容易产生一定的应激，这种应激会逐渐累积。卸载、装载、超长时间运输和陌生的环境等都会对牛造成应激，所以在运输时应尽量减少不必要的应激。

① 对架子牛进行组织运输之前，组织运输的人应持有动物检疫合格证等相关证明，必须了解动物保护的所有要求，以保证架子牛运输的畅通，避免在过境时受到不必要的耽误。

② 所有的架子牛在集中运输前应有一段休息调整的时间，休息调整时间因牛的体况不同而不同，并且在休息场内应备有水。架子牛在装车前至少 4 小时内不喂草料，但可以让其自由饮水。

③ 装车时应有足够的时间，避免在短时间内强迫牛上车而给牛带来不必要的应激和损伤。

④ 遇到恶劣天气情况下不要运输，如在炎热夏天的中午禁止运输牛只。

⑤ 架子牛在到达目的地后，应尽快地使牛安静地走下车厢，减少对牛的损伤。卸载时在宽敞斜坡前应有一个 1~2 米的平台，让牛很容易地倒退出来。

⑥ 如果架子牛装得太拥挤，牛在运输途中卧下后很难站起来，容易受到损伤。同样，太松时彼此不能相互支撑，有可能在车突然变速或转向时把牛撞伤。因而应有一个合理的装载密度。

3. 过渡期饲养

购入的牛只因长时间、长距离的运输，草料、气候环境的变化将引起牛体一系列生理反应，需要通过科学的调理，使其及早适应新的饲养环境。架子牛购回后，一般需要 15~21 天过渡饲养。育肥前，要进行饲料的过渡，以建立适应育肥饲料的肠道微生物区系，减少消化道疾病，保证育肥顺利进行，生产上把这个过程叫做换肚或换胃。具体方法是牛只入舍前两天，只喂一些干草之类的粗料，第一周，以干草为主，逐渐加入一些麸皮、适量食盐调理肠胃，增进食欲，以后逐渐增加粗料和精料，由少到多，经 5~7 天后，如果一切正常，便可按大小、品种分群调入育肥舍饲养。过渡饲养期具体应该做到：

① 新到架子牛应在清洁、干燥的地方休息，保持安静环境。
② 提供新鲜清洁饮水和适口性好的饲料。

③ 细致观察牛的食欲、粪便、反刍情况及四肢状态，发现情况及时处理。

④ 及时驱虫，包括体内和体外驱虫。

4. 架子牛育肥的饲养方法

（1）日粮配合　在配合日粮时，一是按照饲养标准，设计日粮配方。在生产中，根据牛只个体情况、环境条件和饲喂效果随时调整。二是保证饲料的营养品质和适口性，既让牛采食量最大化，又能让营养物质被牛彻底消化和吸收。三是日粮结构组成要多样化。配合饲料时尽量选用多种原料，达到养分互补、提高饲料利用率的效果。四是根据当地饲草饲料资源情况，进行就地取材，充分利用，达到原料供给稳定和价格低廉的目的。五是配制日粮营养水平时，一般比营养需求提高 10%～20%，并且随着架子牛的生长，营养供给始终保持不断增长的趋势，直到出栏前达到最高水平。

（2）日粮供给　营养的供给可以通过增加精料量、调整精粗比例来实现。一般在预饲阶段以精料为主，适当添加麸皮，育肥的第一个月精粗比例为 50：50，日喂精料量 3～5 千克。第二个月精粗比例为 70：30，日喂精料量 6 千克。第三个月精粗比例为 80：20 或 85：15，日喂精料量 7～8 千克。在育肥牛的饲喂中可以把精料、粗料、糟渣料、青贮饲料、干草饲料分开饲喂。也可将各种饲料原料，按比例全部混合，掺匀后制成 TMR 进行投喂。这样的混合饲料，牛不会挑食，而且先上槽牛和后上槽牛采食到的饲料比例基本都一样，提高了育肥牛生长发育的整齐度。

（3）注意事项　饲料的饲喂顺序为先喂草，再喂料，最后饮水。有条件的规模牛场以自由采食 TMR 为佳。饲草要铡短铡细，把铁丝、塑料、绳子等杂物清除出去。

5. 架子牛育肥的管理

（1）健康检查和疾病防治　对新购入的牛进行全面检查。确定健康无病时方可入舍，同时按照规定分别注射口蹄疫、布病、魏氏梭菌等疫苗，防止传染病侵入。

（2）登记建档　架子牛进场后，要及时建立个体档案，便于管理。一般对牛的品种、年龄、体重、价格、进场日期等项目进行入场登记，之后在育肥过程中，要记录增重、用料、用药、疾病诊治等重要数据。

（3）驱虫　育肥前要驱虫（包括体内和体外寄生虫），并严格清扫和消毒房舍。常用驱虫药有丙硫咪唑、敌百虫、螨净等。

（4）运动　要尽量减少其活动，以减少营养物质的消耗提高育肥效果。采取的方法是，每次喂完后，每头牛单桩拴系或圈于休息栏内。为减少其活动范围，缰绳的长度以牛能卧下为好。

（5）刷拭　刷拭可增加牛体血液循环，提高牛的采食量。刷拭必须坚持每日1~2次。

（6）季节　肉牛肥育以秋季最好，其次为春、冬季节。夏季气温如超过30℃，肉牛自身代谢旺盛，则饲料报酬低，夏季应做好防暑降温工作，冬季应做好防寒保温工作。

（7）干拌料和湿拌料　在饲喂育肥牛时，可采用干拌料，也可采用湿拌料。理想的育肥牛饲料应常年饲喂全株青贮玉米或糟渣饲料。因此，在喂牛前将蛋白质饲料（棉籽饼、胡麻饼、葵花籽饼）、能量饲料（玉米粉、大麦粉）、青贮饲料、糟渣饲料、矿物质添加剂及其他饲料按比例称量放在一起来回翻倒3次，此时各种饲料的混合物喂牛最好（含水量在40%~50%，属半干半湿状）。育肥不宜采食干粉状饲料，因为它一边采食，一边呼吸，极容易把粉状料吹起，也影响牛本身的呼吸。育肥牛在采食半干半湿混合料时要特别注意，防止混合料发酵产热，发酵产热后饲料适口性下降，影响牛的采食量。因此，应采取多次拌料，每一次拌料量少一些，以能满足牛4~6小时的采食量为限，用完再拌；将拌匀的混合料摊放在阴凉处，以10厘米厚为好。

（8）饲喂次数　育肥牛的饲喂次数在我国目前大多数是日喂2次或3次，少数实行自由采食。自由采食能满足牛生长发育的营养需要，因此长得快，牛的屠宰率高，出肉多，育肥牛能在较短时间内出栏；而采用限制饲养时，牛不能根据自身要求采食饲料。因此，限制了牛的生长发育速度。需要注意的是，每次饲喂之间的时间间隔尽量做到均等，保证牛有充足的反刍时间。采用散放式饲养方法的规模牛场，每次 TMR 饲料上料之间的时间间隔，也要尽量做到时间均等。

（9）饮水　在人工饲喂饮水的情况下，每天饮水三次，均在每次饲喂完草料后进行。有条件的，最好采用自由饮水。冬季能提供温水为佳。

第三节　高档牛肉的生产技术

随着农业生产水平和农村城镇化进程的不断推进，我国已彻底告别了农耕时代，传统的养牛模式已逐渐被新兴的专业化养牛模式所取代，但我国高档牛肉的生产技术研究自 20 世纪 90 年代中期才刚刚起步，从规模上、数量上、质量上还远远不能满足市场的需求，高端市场的需求还主要依赖进口，高档牛肉生产技术的研究也存在进展缓慢、概念不清的情况。为了更好地解决目前突显的牛肉供求矛盾，更好地实现全面建成小康社会的宏伟目标，必须在肉牛产业结构转型上，牛肉档次上、质量上、安全上下大力气，全方位地满足社会需求。

一、高档牛肉的概念

高档牛肉是指按照特定的饲养程序，在规定的时间完成育肥，并经过严格的屠宰程序分割得到特定部位的牛肉，高档牛肉脂肪含量较高、嫩度好，是牛肉中特别优质的、具有较高的附加值、能获得较高利润的产品。

现在国内习惯上按照日本的标准来评价牛肉的优劣，日本按照肉牛的屠宰率将牛肉分为 A、B、C 三个等级，再按照脂肪交杂等程度各细分为 5 个等级（肉质等级），共计细分为 15 个等级。高档牛肉在脂肪交杂、含水量、口味、剪切值（硬度）、肉的颜色等方面均有相应的标准。一般要求肌肉纤维细嫩，肌肉间含有一定量的脂肪（大理石花纹），所做食品既不油腻，也不干燥，鲜嫩可口。

高档牛肉占胴体的比例最高可达 12%，在肉牛产肉量中占不到 5%，但价格比普通牛肉高 10 倍以上，产值却占整个牛个体产值的 47%，因此，饲养加工一头能生产高档牛肉的肉牛，可比饲养普通肉牛增加收入 2 000 元以上，经济效益十分可观。

二、高档牛肉生产技术要点

（一）育肥牛的选择

1. 品种

我国一些地方良种，例如秦川牛、鲁西黄牛、南阳牛、晋南牛、延边牛等具有耐粗饲、成熟早、繁殖性能强、肉质细嫩多汁、脂肪分布均匀、大理石纹明显等特点，具备生产高档牛肉的潜力。以上述品种为母本与引进的国外肉牛品种杂交，杂交后代经强度育肥，不但肉质好，而且增重速度快，是目前我国高档肉牛生产普遍采用的品种组合方式。但是，具体选择哪种杂交组合，还应根据消费市场而决定。若生产脂肪含量适中的高档红肉，可选用西门塔尔、夏洛莱和皮埃蒙特等增重速度快、出肉率高的肉牛品种与国内地方品种进行杂交繁育；若生产符合肥牛型市场需求的雪花牛肉，则可选择安格斯或和牛等作父本，与早熟、肌纤维细腻、胴体脂肪分布均匀、大理石花纹明显的国内优秀地方品种，如秦川牛、鲁西牛、延边牛、渤海黑牛等进行杂交繁育。

2. 年龄与体重

生产高档牛肉的育肥牛年龄要求在 30 月龄以内，屠宰活重在500 千克以上。选购育肥后备牛年龄不宜太大，用于生产高档红肉的后备牛年龄一般在 7~8 月龄，膘情适中，体重在 200~300 千克较适宜。用于生产高档雪花牛肉的后备牛年龄一般在 4~6 月龄，膘情适中，体重在 130~200 千克比较适宜。如果选择年龄偏大、体况较差的牛育肥，按照肉牛体重的补偿生长规律，虽然在饲养期结束时也能够达到体重要求，但最后体组织生长会受到一定影响，屠宰时骨骼成分较高，脂肪成分较低，牛肉品质不理想。

3. 性别

公牛体内含有的雄性激素是影响其生长速度的重要因素，公牛去势前的雄性激素含量明显高于去势后，其增重速度显著高于阉牛。一般认为，公牛的日增重高于阉牛 10%~15%，而阉牛高于母牛 10%。就普通肉牛生产来讲，应首选公牛育肥，其次为阉牛和母牛。但雄性激素又强烈影响牛肉的品质，体内雄性激素越少，肌肉就越细腻，嫩度越好，脂肪就越容易沉积到肌肉中，而且牛性情变得温顺，便于饲养管理。因此，综合考虑增重速度和牛肉品质等因素，用于生产高档红肉的后备牛应选择去势公牛；用于生产高档雪花牛肉的后备牛应首选去势公牛，母牛次之。

（二）生产阶段的划分

肉牛自出生至出栏，全程可分为哺乳期、育成期、育肥期三个阶段。肉牛自出生进入哺乳期，经 3~4 个月离乳进入育成期，离乳体重可达 120~180 千克；育成期经 6~8 个月进入育肥期，此时肉牛达到 10~12 个月龄，体重达到 250~280 千克；再经过 16~18 个月的育肥后出栏，肉牛出栏达到 26~28 月龄，出栏体重达到 650~700 千克。

（三）育肥计划的制定

1. 育肥期的划分

肉牛进入育肥阶段后，按育肥前期、育肥中期、育肥后期划分为 3 个阶段，育肥期全长均为 16~18 个月，即 480~540 天。

2. 育肥计划

肉牛育肥应先设立一个目标，即想要达到的水平，再根据此目标和肉牛品种因地制宜地制定相应的育肥方案。一般而言，生产高档牛肉要达到表 8-1 所示的计划目标。

表 8-1　育肥计划

单位：千克

育肥阶段	天数	增体幅度	一日增体量	增体量	要求率	饲料量	日饲料量
前期	160	250~400	0.94	150	6.0	900	5.63
中期	160	400~530	0.81	130	8.0	1 040	6.50
后期	160	530~650	0.75	120	12.1	1 452	9.06
合计	480	250~650	0.83	400	8.85	3 392	7.07

注：一般来说，日给精料占体重的比，前期 1.2%、中期 1.5%、后期 1.7% 为宜

（四）饲养与管理

1. 犊牛及育成期

（1）营养需求　3 月龄以内，日粮粗蛋白质 20%~26%，粗脂肪 10%~17%，粗纤维 10% 以下，粗灰分 8% 以下，钙 0.6%~0.8%，磷 0.4% 以上，TDN（总可消化养分）75%~105%，DCP（可消化粗蛋白质）18%~26%。育成期总的来说可按高蛋白质（12%~13%）低养分量（65%~68%），也可按高蛋白质（12%~13%）高养分量（75%~77%）进行搭配。

（2）管理

① 犊牛隔栏补饲。犊牛出生后要尽快让其吃上初乳，出生 7 日龄后，在牛舍内增设小牛活动栏与母牛隔栏饲养，在小犊牛活动栏内设饲料槽和水槽，补饲专用颗粒料、铡短的优质青干草和清洁饮水；每天定时让犊牛吃奶并逐渐增加饲草料量，逐步减少犊牛吃奶次数。

② 早期断奶。犊牛 4 月龄左右，每天能吃精饲料 2 千克时，可与母牛彻底分开，实施断奶。

③ 育成期饲养。犊牛断奶后，停止使用颗粒饲料，逐渐增加精饲料、优质牧草及秸秆的饲喂量，充分饲喂优质粗饲料对促进内脏、骨骼和肌肉的发育十分重要。每天可饲喂优质青干草 2 千克、精饲料 2 千克；6 月龄开始可以每天饲喂青贮饲料 0.5 千克，以后逐步增加饲喂量。

2. 育肥期

（1）营养需求 育肥期的营养（蛋白和养分）搭配方案如下。

① 高蛋白质（H）：12%~13%，高养分量：75%~77%。

② 中蛋白质（S）：10%，中养分量：70%。

③ 低蛋白质（L）：8%，低养分量：65%~68%。

按育肥前、中、后三个时期（如前面所设想的，育肥 480 天），国内黄牛品种推荐 HL—S—LH 方案；乳用品种也可按 H—H—H 方案。

（2）管理

① 小围栏散养。牛在不拴系、无固定床位的牛舍中自由活动。根据实际情况每栏可设定 70~80 米²，饲养 6~8 头牛，每头牛占有 6~8 米² 的活动空间。

② 自由饮水。牛舍内安装自动饮水器或设置水槽，让牛自由饮水。饮水设备一般安装在料槽的对面，存栏 6~10 头的栏舍可安装两套，距离地面高度为 0.7 米左右。冬季寒冷地区要防止饮水器结冰，注意增设防寒保温设施，有条件的牛场可安装电加热管，冬天气温低时给水加温，保证流水畅通。

③ 自由采食。育肥牛日饲喂 2~3 次，分早、中、晚 3 次或早、晚 2 次投料，每次喂料量以每头牛都能充分得到采食，而到下次投料时料槽内有少量剩余为宜。因此，要求饲养人员平时仔细观察育肥牛采食情况，并根据具体采食情况来确定下一次饲料投入量。精饲料与粗饲料可以分别饲喂，一般先喂粗饲料，后喂精饲料；有条件的也可以采用全混合日粮（TMR）饲养技术，使用专门的全混合日粮（TMR）加工机械或人工掺拌方法，将精粗饲料进行充分混合，配制成精、粗比例稳定和营养浓度一致的全价饲料进行喂饲。

④ 通风降温。牛舍建造应根据肉牛喜干怕湿、耐冷怕热的特点，并考虑北方地区的具体情况，因地制宜设计。一般跨度与高度要足够大，以保证空气充分流通同时兼顾保温需要，建议单列舍跨度 7 米以上，双列舍跨度 12 米以上，牛舍屋檐高度达到 3.5 米。

牛舍顶棚开设通气孔，直径 0.5 米、间距 10 米左右，通气孔上面设有活门，可以自由关闭；夏季牛舍温度高，可安装大功率电风扇，风机安装的间距一般为 10 倍扇叶直径，高度为 2.4 ~ 2.7 米，外框平面与立柱夹角 30° ~ 40°，要求距风机最远牛体风速能达到约 1.5 米/秒。结合使用舍内喷雾技术，夏季防暑降温效果更佳。

⑤ 刷拭、按摩牛体。坚持每天刷拭牛体 1 次。刷拭方法是饲养员先站在左侧用毛刷由颈部开始，从前向后，从上到下依次刷拭，中后躯刷完后再刷头部、四肢和尾部，然后再刷右侧。每次 3 ~ 5 分钟。刷下的牛毛应及时收集起来，以免让牛舔食而影响牛的消化。有条件的可在相邻两圈牛舍隔栏中间位置安装自动万向按摩装置，高度为 1.4 米，可根据牛只喜好随时自动按摩，省工省时省力。

（五）适时出栏

用于高档红肉生产的肉牛一般育肥 10 ~ 12 个月、体重在 500 千克以上时出栏。用于高档雪花牛肉生产的肉牛一般育肥 25 个月以上、体重在 700 千克以上时出栏。高档肉牛出栏时间的判断方法主要有两种。一是从肉牛采食量来判断。育肥牛采食量开始下降，达到正常采食量的 10% ~ 20%，增重停滞不前。二是从肉牛体形外貌来判断。通过观察和触摸肉牛的膘情进行判断，体膘丰满，看不到外露骨头；背部平宽而厚实，尾根两侧可以看到明显的脂肪突起；臀部丰满平坦，圆而突出；前胸丰满，圆而大；阴囊周边脂肪沉积明显；躯体体积大，体态臃肿；走动迟缓，四肢高度张开；触摸牛背部、腰部时感到厚实，柔软有弹性，尾根两侧柔软，充满脂肪。

三、小牛肉生产

犊牛出生后饲养至 12 ~ 18 月龄，体重达到 300 ~ 350 千克所产的肉，称为"小牛肉"。小牛肉肉质呈淡粉色、鲜嫩多汁、蛋白质含量高、脂肪含量低、营养丰富、风味独特，是一种理想的高档牛肉。生产小牛肉应选择早期生长发育速度快的牛品种，比如肉用牛的公犊和淘汰母犊以及奶公犊。在国外，利用奶牛公犊生产小牛肉比较广泛。目前在我国一般选择西门塔尔高代杂种公犊和黑白花奶牛公犊生产小牛肉。一般选择初生重在35千克以上健康无病公犊。

（一）饲养

喂5~7天初乳后喂常乳，喂量按体重的8%~9%给予。15天左右开始调教饲喂混合精料并逐渐增加，1月龄后增加到0.5~0.6千克。青草或青干草自由采食。自由饮水。

（二）管理要点

初乳每日喂2~3次、温度控制在35℃左右，每次喂后彻底清洗干净盛奶用具。开始调教饲喂混合精料时，可用少量湿精料抹入犊牛口中或置于奶桶底。1周龄左右开始给予少许干草。10日龄内饮水要求36~37℃的温开水、10日龄后常温水即可，但一般不低于15℃，并注意饮水卫生。每天刷拭牛体两次、清粪两次。牛舍温度控制在15~22℃，相对湿度控制在50%~80%，夏季注意防暑降温、冬季解决好通风换气与维持舍内温度相对恒定的关系，每3天牛舍消毒一次。疫病防治采取全进全出制，犊牛出栏后，牛舍空栏1周以上，并清洗消毒。严格执行犊牛免疫程序。重点防止犊牛脐带炎、肺炎、异物性肺炎、消化不良性腹泻、病原菌性腹泻、附红细胞体等疾病的发生。

四、小白牛肉生产

小白牛肉是指生后3~7月龄，最大限度利用全乳或代乳品，极少甚至不用其他饲料，体重达到120~160千克后屠宰生产的肉。白牛肉肉质细嫩，味道鲜美，带有乳香气味，全白色或略带浅粉色，似鸡肉色，适用于各种烹调方法，价格是一般牛肉的8~10倍，但饲喂成本也相对较高。初生犊牛瘤胃功能尚未完善，属单胃营养类型，消化生理与单胃动物相同，主要靠真胃和小肠消化吸收摄入的营养物质。如果完全用全乳或代乳品饲喂，犊牛不反刍并且生长发育较为快速。

（一）犊牛的选择

小生产白牛肉，要求选择肉用品种、乳用品种、兼用品种或杂交牛的牛犊，个体要身体健康、初生重 38～45 千克、消化吸收功能强。由于奶牛养殖业每年产生大量的奶公犊，因此生产小白牛肉多选用不做种用的奶公犊。在我国则主要是荷斯坦奶公犊。选用标准为初生重 35 千克以上，吃过 4 千克以上初乳，肚脐干燥，行走正常，听力敏锐，眼睛明亮，精神良好，没有腹泻现象，躯体能够正常伸展，且最好是经产奶牛所产的犊牛。所有的这些标准都是为了降低犊牛的死亡率，缩短达到出栏体重所需要的时间，减少不必要的花费，提高养殖经济效益。

（二）生产小白牛肉的方法

生产小白牛肉时，根据生产的产品类型不同所使用的饲料是不同的。如要生产 Bob 犊牛肉则需要全部饲喂牛奶，生产特殊饲喂犊牛肉（Special-Fed Veal）时则最好使用代乳粉，生产谷饲犊牛肉（Grain-Fed Veal）时则需要额外的添加干草和谷物。但不论生产何种类型的小白牛肉，都必须根据犊牛日龄和体重变化随时调整日粮，满足犊牛的基本营养需要（铁元素除外）。饲喂方法如下。

1. 全乳（或代乳品）饲喂法

犊牛出生后采取单栏饲养，全乳饲养 100～150 天，每天喂乳 3 次，每隔 5 天调整一次乳量，乳温 38～40℃，从 15 日龄起自由饮水，其他饲养管理按照常规进行，4～5 月龄出栏。各阶段每头公犊的全乳（或代乳品）平均日喂量见表 8-2。

表 8-2　各阶段每头公犊的全乳（或代乳品）平均日喂量见表

生长阶段	1~30 天	31~60 天	61~90 天	91~120 天	120~150 天
平均喂乳量（千克/头）	5.04	9.97	16.2	22.09	23.57

2. 全乳加补饲育肥法

犊牛出生后，随母哺乳或采取人工哺乳，但 3 天后必须完全由人工哺乳，4 周龄前，日喂奶量为体重的 10%~12%，从 5 周龄起调教犊牛学吃草料，10 周龄起，日喂奶量降到体重的 8%~9%，精料日喂量增加到 0.5~0.6 千克，饲养全程粗饲料采用优质青干草或青草，自由采食。各阶段每头犊牛的日喂奶（全乳）量和精料量见表 8-3。

表 8-3　各阶段犊牛的奶、料采食量

生长阶段 （周龄）	0~4	5~7	8~10	11~13	14~16	17~21	22~27
平均喂乳量 （千克/头）	5~7	7~8	8	9	10	10	9
混合精料用量 （千克/头）	0	0.1	0.4	0.6	0.9	1.3	2.0

3. 酸化乳群体饲喂法

犊牛出生后，第 1 天强制灌服优质合格初乳，可选用 "4+2" 或 "3+2+2" 两种灌服模式，由于第 1 种模式较为节省人工，所以 "4+2" 模式被广泛采用。犊牛从第 2 天开始，采取群体饲养，全乳饲养 100~150 天。饲养期间，犊牛自由采食酸化奶，自由饮水，直至达到要求出栏。该方法适用于生鲜乳或代乳粉价格较低、生鲜乳产量富余时采用，不仅节省饲喂成本，还极大降低了工人劳动强度和饲喂要求，还大大提高了采食量和日增重。酸化乳的具体调制方法如下。

（1）原料　生鲜乳（全乳）、代乳粉、乳房炎牛产的生鲜乳均可；食品级甲酸、柠檬酸、乙酸、丙酸。

（2）酸化剂的配制（以甲酸为例）　将食品级甲酸（原始浓度为 85%）和安全洁净的水，按 1∶9 的比例进行稀释，制成甲酸稀释液备用。

（3）调制方法　一是称量要调制的牛乳的重量。二是按照每千克全牛乳（或代乳粉冲制的乳）添加甲酸稀释溶液 30 毫升的原则，计算出甲酸稀释液的添加量。三是将甲酸稀释液缓慢加入牛乳中，并且不断搅拌。四是加酸搅拌完毕后，静置进行酸化抑菌，一般静置10~12小时后即可直接饲喂犊牛，供其自由采食。

（4）注意事项

① 酸化乳调制好以后，常温情况下，保质期可达3天。

② 酸化乳存放时，应该每天至少搅拌3次。

③ 为提高酸化奶调制效果，需测定并调整pH值为3.8~4.5，最好是精确控制在4.2。

④ 建议选用带奶嘴的饲喂设备，供其自由采食。作者自己就研发生产了两种专门用于酸化乳饲喂的犊牛采食设备，具有保温、自动搅拌功能，解决了日常搅拌需求和冬季保温的问题，达到了一年四季都可使用的目的。

（三）管理要点

1. 初乳灌服

用于生产小白牛肉的奶公犊在出生后1小时内都应灌服优质合格初乳4升，第1次灌服6小时后再次灌服2升初乳，以确保犊牛获得被动免疫。

2. 饮水

犊牛一般在两周以后给水，喂水量是：体重低于100千克，饲喂1~3千克/天；高于100千克，喂3~5千克/天。天气炎热时应适当增加喂水量。给犊牛饲喂的水应当干净清洁，最好是人能直接饮用，一般在喂完料之后给水。需要注意的是，供犊牛饮用的水温应保持在22~39℃。给犊牛的喂水量不能太多，以免发生水中毒。刚刚经历过运输的犊牛应当及时补充含电解质的水。

3. 观察记录

管理者应当为犊牛的整个生长期建立一个监管系统。所有的异常行为都应该马上记录并做好追溯。饲养人员应当具备识别疾病和寄生虫的信号的能力。在犊牛抵达的最初几周要进行频繁的观察，因为这个时期犊牛的死亡率最高。牛场的管理者要能理解犊牛的一些行为和姿势的意义，尽量防患于未然。任何疾病和受伤都应该马上处理并且记录下来。

4. 装卸和运输

犊牛在装卸和运输时十分容易产生应激，导致犊牛肉质变差，甚至死亡。因此，装卸犊牛时不能野蛮的敲打或使用电击，要使用平整结实的踏板装卸。运输时要综合考虑运输距离、运输时间、运输密度和温湿度选择合适的运输方式和工具。驾驶员在行驶过程中要避免急转弯和急刹车并定时观察和补充水分。任何不恰当的运输都可能导致牛产生应激从而影响肉品质，也就大大降低了经济效益。

5. 其他

推荐使用全进全出法饲养以使病原体从老牛向新牛传播的概率降到最低。每一批牛出栏后牛场的所有设施设备都要进行彻底的消毒。

五、雪花牛肉生产

雪花牛肉指油花分布均匀且密集，如同雪花般美丽，红、白相间明显，状似大理石花纹的牛肉，国内外也称其为大理石状牛肉。雪花牛肉中含有丰富的蛋白质，氨基酸组成比猪肉更接近人体需要，能提高机体抗病能力，而胆固醇的含量极低，1千克雪花牛肉仅相当于1个鸡蛋黄含有的胆固醇。

（一）选择适宜的品种

不是所有的品种牛都能生产大理石状牛肉，特别是瘦肉型品种很难达到。我国四大良种黄牛如晋南牛、秦川牛、鲁西牛、南阳牛以及延边牛等很容易达到"雪花"肉标准。国外品种如安格斯、海福特、西门塔尔、短角牛等品种生产"雪花"肉的性能最好。从表8-4可以看出，生产雪花牛肉的改良牛首先为安格斯牛，其次为西门塔尔牛、海福特牛和短角牛等品种的改良牛，低代数较优。

表 8-4　常见肉牛品种的肉用性状特点

品种	生长速度	皮下脂肪薄	雪花状	眼肌面积	嫩度	肉色	风味	腔油少
中国良种黄牛	+		+++		++	++	+++	
荷斯坦牛	++							
西门塔尔牛	++	+	++	+	+	+	++	
夏洛莱牛	+	+		++				
安格斯牛	+	+	++		++	++	++	
海福特牛	++		+	+	+		+	
皮埃蒙特牛	++	++		++	++	++	++	++
抗旱王牛	+	+				+	+	
圣格鲁迪牛	+	+	+			+	+	+
短角牛	+		++		++	++	+	

注：+号越多者越佳

（二）掌握好育肥年龄

肉牛的生产发育规律是脂肪沉积与年龄呈正相关，年龄越大沉积脂肪的可能性越大，而肌纤维间的脂肪是最后沉积的，所以生产"雪花"牛肉应该选择 2～3 周岁的牛。年龄再大些虽然更易于形成"雪花"肉，但年龄也与肉的嫩度、肌肉和脂肪的颜色有关，一般随年龄增大肉质变硬，颜色暗，脂肪逐渐变黄，不符合高档牛肉质量要求。

（三）性别差异

母牛沉积脂肪最快，阉牛次之，公牛沉积脂肪最慢。肌肉颜色以公牛深、母牛浅，阉牛居中。饲料转化率以公牛最好，母牛最差。一般年龄较小时公牛不必去势，年龄较大的公牛在育肥期开始前 15 天去势。母牛的年龄稍大也可，因为母牛肉一般较嫩，年龄稍大些可改善肌肉颜色浅的缺点。不同性别其膘情与"雪花"肉形成并不一样，公牛必须达到满膘以上，其标志是背脊两侧隆起极明显，"象臀状"非常明显，后肋也充满脂肪时可达到相当水平。

（四）提高营养供应水平

在品种、年龄确定的前提下，营养水平起到重要作用。要得到"雪花"牛肉，应在不影响育肥牛正常消化的基础上尽量提高日粮能量水平。同时，蛋白质、矿物质、微量元素和维生素的供给量也要满足，目的是追求较高的日增重，因为只有高日增重，脂肪沉积到肌纤维之间的比例才会增加。而且高日增重也促使结缔组织如肌膜、肌鞘等已形成的网状交联松散，以重新适应肌束的膨大，从而使肉变嫩。高日增重之下，圈养时间缩短，育肥效率提高，降低饲养成本。

一般情况下，架子牛体重相同时，膘情偏瘦的牛沉积脂肪速度要高于偏肥的架子牛。因此，架子牛生产阶段营养水平不宜过高，注意控制成本。国内生产雪花牛肉多采用5~8个月的育肥期，有的甚至10个月，精料逐步增加，这种饲养方式生产成本高，风险大。近些年来，一部分牛场吸收采纳国外高精料、短周期（3个月）的生产技术，取得了良好效果。

注意事项：育肥后期不喂含各种能加重脂肪组织颜色的草料，如大豆粕、黄玉米、南瓜、红胡萝卜、青草等，改喂使脂肪白而坚硬的饲料，如麦类、麸皮、马铃薯、淀粉渣等。粗料最好用含叶绿素、叶黄素较少的饲料，如玉米秸、谷草、干草等，在日粮成分变动时，要注意做到逐渐过渡。高精料育肥时应防止肉牛发生酸中毒。

（五）出栏

育肥期的长短根据育肥初始牛的体重而定，出栏时体重应达到600千克以上。

第九章 肉牛场环境污染控制和无害化处理

近年来，我国畜牧业发展突飞猛进，目前，肉类消费位居世界首位，畜牧业生产规模化和集约化程度不断提高，为农村经济的发展起到了不可估量的作用，但是，由于肉牛产业发展中环保配套技术滞后，设备不完善，使环境污染日益凸显，因此，如何实现畜牧业发展和环境保护并行不悖、并驾齐驱，是当今畜牧业发展亟须解决的一大难题。

第一节 肉牛养殖场的污染

一、我国肉牛产业排污现状

肉牛产业污染物主要是肉牛养殖过程中产生的粪尿污物，牛肉产品中有毒有害物质的残留，包括洗刷用具、场地消毒和饮用过的污水，含有致癌性毒素的霉变饲料，预防疫苗的空瓶和各种抗生素药物的空瓶、袋子，屠宰场的废物、废水、废气；苍蝇、蚊虫等昆虫，其中最主要的是粪尿污染和牛肉产品的残留对人类健康带来的危害。

一头牛日产粪尿 19 千克，一个百头养牛场年产粪尿 684 吨，如果用清水冲洗，则产生相当大的污水，随着人们生活水平的不断提高，对肉类产品的需求量不断增加，致使肉牛养殖规模越来越大，现代化、集约化程度越来越高，饲养密度及饲养量急剧增加，牛肉饲养及活体加工中产生的大量排泄物和废弃物，对人类、其他生物以及肉牛自身生活环境的污染越来越严重，因此，从环境保护的角度看，及时消除肉牛产业污染迫在眉睫。

二、肉牛场粪污对环境的影响

肉牛粪尿的主要成分包括含氮化合物、钙、磷、可溶性无氮物、粗纤维、铜、锌，其他微量元素及恶臭物质，各种成分的含量随着动物品种、饲料原料及配方、饲养方式的不同而不同。但其中含氮有机物在厌氧条件分解产生甲烷、有机酸和各种醇类，含氮化合物分解产生氨、乙烯醇、二甲基硫醚、硫化氢、甲胺、三甲胺等各种恶臭气体，对空气质量造成重大影响。

（一）肉牛场粪污对空气环境的影响

肉牛的排泄物中的有害气体、粉尘、还有病原微生物等大量的有害物质融入大气后，会随着大气的扩散，当这些有害物质的排出量超过大气环境的承受能力时，就会对生态造成一定的危害。肉牛场粪尿废弃物中所含有机物大体分成碳水化合物和含氮化合物，他们在有氧和无氧的条件下可分 解出不同的物质。例如碳水化合物在有氧的条件下可分解释放出热，同时释放大量二氧化碳和水；而在无氧的条件下，放能是不完全的，只能分解成甲烷、有机酸和各类醇类，这些物质均具有臭味和酸味，富集过多即会令人产生不良反应。含氮化合物主要是蛋白质，在酶的作用之下分解成为氨基酸，氨基酸在有氧的条件下可以继续分解，最终的产物为硝酸盐类；而在无氧的条件下只能分解成氨、硫酸、乙烯醇、二甲基硫醚、硫化氢、甲胺还有三甲胺等中间体，产生恶臭气味，这些恶臭气体有腐烂的蛋臭、腐烂葱臭、鱼臭等各自特有的臭味。所以畜牧场内如粪便中水分过多或压紧无新鲜空气，使粪尿内形成局部无氧环境时，所以才会产生并释放恶臭气体，正常情况是散发的臭气的浓度和粪便中的磷酸盐的含量是成正比的。

（二）肉牛场粪污对水源的影响

肉牛养殖场对粪便、污水、废水未经过无害化处理，或者处理不当，直接排入地下、湖泊、江河，使得地下水、地表水质量下降，其中的有毒有害物质严重超过国家规定标准，甚至是变黑、变臭。粪便和尿污中的病原微生物一旦进入水体，可以造成疫病的传播与扩散。如口蹄疫等人畜共患病，防不胜防，严重威胁人类的健康。例如，2011年3月英国暴发的口蹄疫病，主要原因就是粪便污水处理不当，对大气、水源和土壤造成污染。特别是当对病死牛处理不当时，更加重了病原微生物对环境的污染。

（三）肉牛场粪污对土壤的影响

随着饲料工业及畜牧业快速发展，有些养殖户片面追求经济效益，在饲料中乱用、滥用重金属、违禁药物、促生长剂等，致使肉牛排泄物污染环境的状况日趋严重。同时过量的营养代谢物如氮、磷、铁、锌和铜对环境污染也日益严重。因为上述物质污染的环境效应具有长期累积性，当它们积累到一定程度时，不仅会使得土壤退化，影响农作物产量和品质，而且还可以通过污染河流、污染地表水和地下水，对生态环境造成极大的危害。并且这种污染的治理是十分困难的。

（四）肉牛产品的污染对人体健康的影响

滥用抗生素、添加剂以及霉变的饲料造成牛肉的污染，如果不控制用量以及在屠宰前进行停止用药，可使药物在产品中残留，通过食物链使人体产生一定的毒性反应的过敏反应。另外，长期使用某种抗生素，可使细菌对该种抗生素产生适应，或遗传物质发生突变而形成耐药细菌。耐药性的出现，使这类抗生素的疗效大大降低，或饲料中的霉菌毒素如黄曲霉毒素及其代谢产物也能通过食物链损害人体健康。经检测，牛食用含有黄曲霉的饲料后，可在肝、肾、肌肉中检测出微量的黄曲霉素 B_1 或者其代谢产物，具有很强的致癌作用。

三、肉牛场造成环境污染的原因

（一）畜牧业由分散经营转为集约化经营

20世纪50年代后，畜牧业发展迅速，肉牛业逐渐由传统的粗放式、小规模、分散经营转为高密度、集约化、机械化，生产规模越来越大，从而产生了大量粪尿污水、有害气体和恶臭等。因为没有得到及时处理，随意排放，以致超过土地的自然净化能力，就会污染周边空气、土壤、水源等，对人类和畜禽环境造成严重污染。

（二）牛场场址选择不当

随着都市化的发展，城镇人口大量集中，对牛肉的需求量显著增多。为便于加工和销售牛肉产品，大多数集约化的肉牛场建在人口较密集、土地占有量相对较少、交通方便的城市郊区和工矿区，从而造成农牧脱节，粪肥不能及时施用于农田而造成污染。

（三）化学肥料的增多

牛的粪尿体积大，产量高，装运不方便，人员工资和运输费用相对增加，费力费工，所以牛粪使用越来越少。随着化学工业的发展，农业上有机肥逐渐转向化肥，结果使大量牛的粪便积压浪费，造成公害。

（四）兽药、饲料添加剂使用不当

肉牛场生产者、经营者无节制的、盲目的、过量使用抗生素、维生素、激素、金属微量元素等，在畜产品中的残留，通过人们摄食转移到人体内而影响人们的健康，而且有害物质通过畜禽的排泄，造成土壤和水源污染，对人类生存环境构成威胁。

四、粪污无害化综合处理的对策

（一）科学规划，粪污处理实现三同步

养殖场实现粪污处理与养殖场同步规划、同步设施、同步运行。从建场设计做起，粪污处理设施合理规划，能满足养殖场规模；建雨污水沟，实行雨污分流，减少化粪池的废弃物处理量；建沉降池，对冲洗的粪便及其他固体物质进行二次收集；建堆粪场在牛舍的下风向处，做到防渗漏，粪便及时运到农田施用，同时保障粪污处理设施与养殖场生产同步运行。

（二）推行农牧结合，发展生态养殖

推行肉牛粪尿的农牧结合利用模式，牛粪发酵后，一部分用作种植的有机肥，另一部分还林还草，保护生态环境，实现粪污综合利用，走立体养殖、综合利用、生态良性循环的路子，不仅可以促进农业发展，提高了肉牛养殖的经济效益，实现多级循环利用和可持续发展。

（三）推广先进的粪便处理技术

推广农田种草养畜配套技术，指导农户对农作物秸秆实行青贮或氨化，提高秸秆利用率，并提倡分群分阶段饲养、减少肉牛粪便生产量、降低处理难度的生产工艺，加强环境污染防治工作的基础。加强粪便综合处理技术的研究与开发，积极实践与探索肉牛粪便生态处理模式，如建沼气池对粪污进行厌氧发酵处理，产生的沼气可满足场内生活及部分生产能源，降低生产成本，粪便用来生产有机肥。

（四）采用科学方法改进饲料配方

规模化养殖场要想控制粪便污染，科学配料是最重要的举措。首先通过调控肉牛环保型饲料的营养成分，添加合成氨基酸和生物活性物质，降低肉牛的氮和磷的排泄量。其次用有机微量元素取代饲料中的无机微量元素、抗生素以及其他添加剂，并充分考虑微量元素含量对人类、环境的危害。最后，改进饲料配方，最大限度地提高肉牛对饲料的利用率与消化率，减少肉牛粪便排泄量与对环境净化造成的压力。

（五）完善肉牛养殖污染监管体系

立足实情，深入调查肉牛粪便处理方式及污染情况，做好粪便处理的环境规划与工作计划，并制定粪污处理技术方法、政策，加强监督与协调。对污染严重效益低下的养殖场，可进行行政制约，要求限期治理，加快肉牛粪便能源转化与环保工作的顺利进行。

第二节　肉牛场环境质量评价及控制

环境是一切生物赖以生存的必要条件，动物养殖环境的优与劣，直接受影响的是动物，但间接影响的是人类。在畜牧业生产中，环境因素对动物的影响通常占 20%~35%，因此，动物环境的质量对于养殖业是非常重要的。肉牛场的环境质量及其评价对于生产优质安全牛肉有着重要意义。

一、肉牛场环境质量

肉牛场的环境质量优劣对肉牛生产遗传潜力的发挥和健康都有重大影响。

（一）环境质量评价类型

环境质量评价类型包括预断评价、回顾评价和现状评价。

1. 预断评价

预断评价指在肉牛场建立之前，根据拟建场的规模和周围工农业生产情况，包括工业生产产品及排放物、建场土地过去的使用情况，做出对肉牛和周围人类生活质量的估测。

2. 回顾评价

根据建场地区历史资料，提示该区域环境污染的发展过程。

3. 现状评价

根据畜牧场近几年的生产情况和监测资料进行评估，可以阐明目前的污染状况和生产的影响程度，以制定综合治理措施。

（二）环境质量评价内容

环境质量评价内容主要指对污染流的调查和评价，包括空气、土壤、水源、饲料和用药五个方面，对家畜自身排放的有害气体和粪尿堆积产生的污染源也要做出评价。

二、环境质量评价标准与控制

（一）牛舍的温热环境

1. 环境指标参数

牛舍空气温度和湿度参数见表9-1。

表 9-1　牛舍空气温度和湿度参数

项目	适宜温度（℃）			应激温度（℃）		相对湿度（％）
	最适宜温度	最高	最低	高温	低温	
育肥牛	10~15	20	3	>30	<-13	50~85
产犊母牛	12	20	10	>30	<-10	50~85
一般母牛	10~15	25	3	>30	<-13	50~85
育成牛	10~15	25	3	>30	<-7	50~85
犊牛	10~12	20	7	>30	<-5	50~85
幼犊	12~15	20	8	>30	<-3	50~85

2. 控制措施

（1）防暑　牛具有耐寒而不耐热的特点，因此牛舍的防暑非常重要。牛舍的防暑要从防止热辐射、增加牛舍散热和减少牛体产热等方面着手。一是牛舍的屋顶要选用隔热性能好的材料，并且要采用合理的多层结构以增加屋顶的隔热性能。二是在牛舍中安装喷雾冷风机会使舍内温度、湿度显著降低，三是在牛舍外和运动场四周种植树木遮阳，可以使传入牛舍的热量减少 17%~35%。

（2）防寒　一是加强外围结构的保温设计，如加装泡沫板隔层屋顶。二是采用合理的牛舍形式。南向牛舍有利于冬季采光，封闭式牛舍有利于冬季保温，在北方寒冷地区宜采用南向有窗封闭舍。三是及时清理粪尿，减少冲洗地面的次数，并在牛床铺设垫料，如锯末、小麦秸秆等，同时加强门窗维护，防止产生贼风。

（二）牛舍通风

1. 牛舍通风参数

牛舍通风参数见表 9-2。

表 9-2　牛舍通风参数

项目	通风量（米³/小时·头）			气流速度（米/秒）		
	冬季	过渡季	夏季	冬季	过渡季	夏季
母牛舍	90	200	350	0.3~0.4	0.5	0.8~1.0

（续表）

项目	通风量（米³/小时·头）			气流速度（米/秒）		
	冬季	过渡季	夏季	冬季	过渡季	夏季
产房	90	200	350	0.2	0.3	0.5
0~20 日龄犊牛舍	20	30~40	80	0.1	0.2	0.3~0.5
20~60 日龄犊牛舍	20	40~50	100~120	0.1	0.2	0.3~0.5
60~120 日龄犊牛舍	20~25	40~50	100~120	0.2	0.3	<1.0
4~12 月龄育成牛舍	60	120	250	0.3	0.5	1.0~1.2
1 岁以上育肥牛舍	90	200	350	0.3	0.5	0.8~1.0

注：成年牛体重按 550 千克技术，来源《家畜环境卫生学》第三版，李如治主编

2. 控制措施

牛舍的通风换气可分为自然通风和机械通风。自然通风是通过牛舍开敞的部分来进行的，其效果受外界气流速度、温度、风向等的影响。夏季应打开牛舍门窗或去掉卷帘，尽可能加大自然通风量，如果不能满足要求，可以用风机或冷风机来辅助通风。春秋季节，通过调节门窗或卷帘的启闭程度来控制牛舍通风量。冬季可以通过设置屋顶风管来进行合理的换气。牛舍冬季换气的同时一定要考虑舍温，不能引起舍温发生太大的变化。

（三）牛舍光照和噪声

1. 牛舍光照和噪声标准

牛舍光照和噪声标准见表9-3。

表9-3　牛舍光照和噪声

项目	噪声（分贝）	自然采光系数	光照时间（小时）	照度（勒克斯）	
				荧光灯	白炽灯
成年牛舍	75	1:12	16~18	75	30
育肥牛舍	75	1:16	6~8	50	20

2. 控制措施

牛舍朝向是影响采光效果的重要因素。北方地区太阳高度角冬

季小、夏季大，牛舍朝向以长轴与纬度平行的正南朝向为宜。如果受各种因素影响不能完全采用正南朝向，可允许因地制宜地向东或向西做15°~30°的偏转。在设计建造牛舍时要确定牛舍的采光面积，其一般用采光系数来表示。采光系数是指窗户的有效采光面积与舍内地面面积之比。肉牛舍应在1∶（12~16）为宜。此外还要考虑到入射角，入射角是牛舍地面中央的一点到窗户上缘所引直线与地面水平线之间的夹角。为保证舍内得到适宜的光线，入射角度一般应不小于25°。

噪声可使牛的听觉器官发生特异性病变，引起牛食欲不振、惊慌和恐惧，影响牛的繁殖、生长和增，并能改变牛的行为，引发流产、早产。一般要求牛舍的噪声水平白天不超过90dB，夜间不超过50dB。因此，牛场场址不宜与交通干线距离太近，场内应选用噪声较小的机械设备。

（四）牛舍中有害气体、尘埃和微生物

1. 牛舍中有害气体、尘埃和微生物参数

牛舍中有害气体、尘埃和微生物参数见表9-4。

表9-4　牛舍中有害气体、尘埃和微生物

项目	CO_2（%）	NH_3（毫克/米^3）	H_2S（毫克/米^3）	总悬浮颗粒物（毫克/米^3）	微生物允许含量（×10^3/米^3）
成年牛舍	0.25	20	10	2~4	<70
育肥牛舍	0.25	20	10	2~4	<70

2. 控制措施

为了减少舍内空气中的有害气体和尘埃，在建造牛舍时应合理设计通风、排水、清粪系统。在生产管理中合理组织通风换气，及时清除粪尿，保持舍内干燥。也可使用垫料和吸附剂来减少舍内有害气体。还可通过日粮的合理配制、使用适当的添加剂减少有害气体产生。

（五）牛场空气环境质量

1. 空气环境质量参数

空气环境质量参数见表9-5。

表9-5 牛场空气环境质量

项目	CO_2（%）	NH_{3X}（毫克/米^3）	H_2S（毫克/米^3）	PM_{10}（毫克/米^3）	TSP（毫克/米^3）	恶臭（稀释倍数）
缓冲区	380	2	1	0.5	1	40
场区	750	5	2	1	2	50
牛舍	1 500	20	8	2	4	70

2. 控制措施

绿化可以使畜牧场空气中的有害气体含量降低25%以上，使场区空气中的臭气减少50%，尘埃减少35%～37%，空气中的细菌减少22%～79%。此外，绿化可以减少噪声，因为绿色植物对噪声具有吸收和反射作用，使噪声强度降低25%左右。通常在场内道路两侧和牛舍周围应植树绿化，在牛场内空地可以选择种植草坪等绿化措施，以改变场区小气候环境。

（六）粪便无害化卫生标准

中华人民共和国国家标准，《粪便无害化卫生标准》GB 7959—87，堆肥温度最高堆温达50～55℃以上，持续5～7天；蛔虫卵死亡率95%～100%，大肠杆菌值10^{-2}～10^{-1}；有效控制苍蝇滋生，肥堆周围没有活的蛆、蛹或新羽化的成蝇。

（七）集约化畜禽养殖业水污染物最高允许日均排放浓度

集约化畜禽养殖业水污染物最高允许日均排放浓度见表9-6。

表9-6 集约化畜禽养殖业水污染物最高允许日均排放浓度

项目	五日生化需氧量（毫克/升）	化学需氧量（毫克/升）	悬浮物（毫克/升）	氨氮（毫克/升）	总磷（以P计）（毫克/升）	粪大肠菌群数（个/100毫升）	蛔虫卵（个/升）
标准值	150	400	200	80	8.0	1 000	2.0

具体参见中华人民共和国国家标准《畜禽养殖业污染物排放标准》GB 18596—2001。控制措施见下节内容。

第三节　肉牛场粪污的综合利用

国内对肉牛粪便处理技术繁多，效果不一，以堆制各种形式的堆肥最普遍，也有采用机械好氧发酵、饲料化、有机—无机复合肥、焚烧等。粪尿混合物则除施入农田外，也有用于沼气发酵，然后对沼液、沼渣分别处理利用。尿液和冲洗水有的进入城镇污水处理系统或应用土壤生物处理、或氧化塘或水生生物处理等。

一、粪便处理与利用

（一）生态还田堆肥

这是解决肉牛粪便污染最好的一种方法。牛的粪便是优良的有机肥料，在改善土壤的理化性状、提高肥力等方面具有化肥所不能替代的作用。有的地区常常将肉牛的粪便直接施入农田，为了防止污染土壤和提高肥效，应该经高温腐熟或药物处理后再利用。原理是将粪污收集后堆积，在有氧的情况下，利用微生物对粪尿有机质进行降解、氧化、合成、转换成腐殖质的生物化学处理工程，并同时产生高温杀死粪尿中的病原微生物、寄生虫及虫卵，是粪尿快速腐熟、无害化，然后将处理后的粪污作为肥料还田利用。

该模式的优点是投资省，不耗能，无须专人管理，基本无运行费。其缺点是：用地较多，污水处理需要另外的设备，并且由于药物残留等问题容易造成二次污染。粪尿混合不便运输。这种模式适合城市郊区和农村的中小规模养殖场，周边有足够的农田消纳养殖场粪尿的地区，特别是种植常年施肥作物，如蔬菜、经济作物的基地。

（二）厌氧发酵生产沼气

牛粪尿直接排入沼气池，利用厌氧发酵或沼气池处理粪便，通过微生物的降解合成作用，将粪尿有机物转化为能源，产生沼气、沼渣和沼液。沼气可用作燃料，沼渣、沼液可肥田、喂鱼和养蚯蚓，从而使粪尿资源化、肥料化和饲料化。目前普通消化池等传统厌氧技术是普遍采用的粪污处理方式。该技术实现了能源、肥料、饲料、环保的良性循环，可以建立生态农业。

该模式的优点是技术操作容易，处理效率高，投资少，运行管理费用低，对周围环境影响小。缺点是后处理需要占用土地，沼气的生产受季节、环境、原料材料影响大，存在产气不稳定的缺陷。一些沼气池由于维护管理不好而利用时间较短。最需要重视的是沼渣、沼液的处理，如果不能及时由足量的土地消纳，仍有可能造成和粪尿直接排放一样的污染。

（三）达标排放处理

与前面两种模式相比，该模式技术含量最高，对出水水质要求最严。首先将来自牛舍的粪尿进行固液分离，分离出的固体粪渣生产有机复合肥，液体进入厌氧处理系统。如果离城市污水处理厂较近，厌氧处理的出水在达到《畜禽养殖污染物排放标准》后可以排入城市污水处理厂与城市污水一起处理。

该模式的优点是适应性广，不受地理位置限制；占地少；可达标排放。缺点是投资大，能耗高，运行费高；机械设备多，维护管理量大，需要专门的技术人员运行管理。在地处大城市近郊，经济发达、土地紧张、周边既无一定规模的农田，又无闲暇空地可供建造鱼塘和水生植物塘的大型牛场，可采用该模式。

（四）加工饲料

粪便中残留的氮、灰分和纤维素等能作为营养供给物添加到畜禽饲料当中。粪便加工饲料的方法分为三步。第一步是酸贮，利用鲜粪便与麸、糠、碎玉米等混合酸贮，其适口性好，无异味；第二步是人工干燥法，利用高温将粪便加热，使水分快速减少，可更好地保存养分，同时减少体积，便于贮存运输。第三步是利用氧化池对粪便进行处理等措施。

（五）利用蚯蚓处理牛粪

蚯蚓在活动过程中，需要消耗一些营养物质和能量，利用蚯蚓的生理学特点来处理肉牛粪便，不仅为动物蛋白质饲料提供了新来源，并且蚯蚓处理后产生的粪便和牛粪相比，蚓粪中的有机质、钾、氮有所下降，磷略有增加。蚯蚓摄取牛粪中的有机质，分解转化为了氨基酸、聚酚等较简单的化合物，在肠细胞分泌的酚氧化酶及微生物分泌酶的作用下，能形成腐殖质。腐殖质是土壤中植物营养的重要来源，更是形成土壤水稳性结构的重要物质。因此，蚯蚓粪是高肥效的有机肥料和城郊绿化土壤改良剂。同时还可以用于城镇绿化、花木、蔬菜育苗栽培，既能改土配肥，又可以理化的吸附中和、生物的消臭，除掉了臭味，因此较其他有机肥料干净卫生。

（六）其他牛粪利用技术

我国目前对于牛粪的综合利用方面也做了大量的研究，取得了可喜成果。为提高牛粪的腐熟速度和肥力，很多科学家开展了利用生物菌剂处理牛粪的研究，试图通过微生物的拮抗作用，控制病源微生物的繁殖，提高有益生物在有机肥中的生物效价，以此逐渐减少农药化肥的使用量，逐步实现有机农业。黄雅曦等2007年利用牛粪生产了生物质固体燃料，开发了牛粪利用的新思路。很多肉牛饲养场也开展了利用牛粪生产双孢菇的研究，既解决了肥料来源问题，又解决了粪便污染问题。

二、尿液及污水处理与利用

（一）物理处理法

利用格栅、化粪池或滤网等设施进行简单物理处理的方法。经物理处理的污水，可除去40%~65%的悬浮物，并使生化需氧量下降25%~35%。将污水流入化粪池，经12~24小时后，使BOD下降30%左右，其中的杂质下沉为污泥，流出的污水则排入下水道，但是经过物理处理法处理的污水难以达标排放，所以还需进一步处理。

（二）化学处理法

化学处理法是根据污水中所含主要污染物的化学性质，用化学药品除去污水中相应的溶解物质和胶体物质的方法。但由于污水中化学成分非常复杂，需要花费大量的人力、物力对其进行测定。这种方法非常不实用，有待于进一步研究与改进。

（三）生物处理法

生物处理法是利用污水中微生物的代谢作用分解其中的有机物，对污水进一步处理的方法。

（1）活性污泥法 在污水中加入活性污泥并通入空气，使其中的有机物被活性污泥吸附、氧化和分解达到净化的目的。

（2）生物过滤法 是使污水通过一层表面充满生物膜的滤料，依靠生物膜上微生物的作用，并在氧气充足的条件下，氧化分解水中的有机物。包括普通生物滤池、生物滤塔和生物转盘。

三、存在的问题及建议

肉牛粪污的处理是一个系统工程，需要通过科学管理、无害化处理和有效利用多种手段加以实施。虽然国内已有部分养殖场开展了肉牛粪污的治理工作，但目前在技术上存在一些问题：一是治理技术单一、效率低或组合不合理。二是利用率低，只注重能源的重复利用而不能兼顾资源和环境效益。三是管理模式需要更新和加强。

为改变肉牛养殖业发展带来严重污染的现状，应选用较为先进的肉牛生产模式和粪污处理工艺，在保证低污染或"零排放"的前提下提高处理效率。粪污生物处理方法是最有前景的一种畜禽粪便处理方法，通过这种方法一方面可以快速除臭、腐熟，制成有机农业种植所必需的生物有机肥，形成生态的良性循环。从而解决连续工业化处理肉牛粪便、生产生物有机肥的难题；另一方面可以为农村提供一种新型能源，对于社会主义新农村的建设具有重要意义。

第四节　病死牛的无害化处理

病死牛及产品无害化处理，既涉及社会公共卫生，也是新农村建设过程中不可回避的一个重要问题。加大对病死牛无害化处理设施设备的投入，规范病死牛无害化处理，是各级政府部门和畜牧兽医从业者应当认真研究解决的问题。

一、病死牛的来源和危害

病死牛很多是因患了某种传染病而死亡的。其中有一些是人畜共患的传染病，如口蹄疫、结核等，这样的肉绝对不能食用。如食用这些病死的牛肉，人就容易被传染上这些疾病，这对人体健康危害极大。有些牛虽然不是因为传染病而死，但死亡之后，体内的有害细菌就会大量繁殖并迅速散播到肌肉里，有的细菌还能产生毒素，人若吃了这种牛肉，就会发生食物中毒。有些牛可能因吃了被剧毒农药污染的饲料而中毒死亡，人吃了这种牛肉，同样也有可能中毒，甚至造成死亡。

另外，病死牛如果不采取措施处理而随意丢弃，会严重污染环境、水源，危害人畜健康，甚至有可能引起传染病的发生。因此，对于病死牛必须按照国家相关法律法规的规定进行无害化处理，不得随意处置。

二、处理方法

（一）高温蒸煮

将牛的尸体放入特殊的高温锅内（150℃）蒸煮，达到彻底消毒的目的。

（二）焚烧法

用于处理危害人、畜健康较为严重的传染病尸体。一般挖一条十字形沟，按顺序放上干草、木柴及尸体，然后焚烧。对焚烧产生的烟气应采取有效的净化措施，防止烟尘、一氧化碳、恶臭污染环境。

（三）深埋法

不具备焚烧条件的养殖场应设置3个以上的安全填埋井，利用土壤的自净作用使其无害化。填埋井深度大于3米，直径1米，进口加盖密封。进行填埋时，在每次投入尸体后，应覆盖一层厚度大于10厘米的熟石灰，井填满后，须用黏土填埋压实并封口。或者选择干燥、地势较高，距离住宅、道路、水井、河流及其他牧场较远的指定地点，挖深坑掩埋尸体，尸体上覆盖一层石灰。尸坑的长和宽以容纳尸体侧卧为度，深度应在2米以上。

（四）化制

将病牛尸体在指定的化制站（厂）加工处理。可将其投入干化制机化制，或投入湿化制机化制。

第十章 肉牛场的疫病防控

第一节 肉牛疾病的预防措施

随着肉牛业的发展和壮大，企业规模不断扩大，牛群数量越来越多，导致牛群的卫生保健管理越来越有难度，牛群的疾病也越来越多。因此，只有做好肉牛场的卫生保健工作和疾病预防工作，才能培育健康安全的牛群，进而全面提高牛肉的营养价值与牛肉业的经济效益。在肉牛生产过程中，要本着"预防为主、治疗为辅"的牛群饲养方针，在饲养过程中全面预防牛群疾病的产生，特别是传染病、寄生虫病、产科和内科疾病等。

一、肉牛场疾病预防原则

① 依据《中华人民共和国动物防疫法》等法律法规的要求，结合肉牛生产的规律，全面系统的对牛群实行保健和疫病管理。这一体系主要包括隔离、消毒、驱虫灭鼠、免疫接种、药物预防、诊断检疫、疾病治疗和疫情扑灭等。

② 坚持"预防为主、防重于治"的原则，提高牛群整体健康水平，防止外来疫病传入牛群，控制、净化、消灭牛群中已有的疫病。

③ 肉牛场防疫采用综合防治措施，消灭传染源、切断传播途径、提高牛群抗病力，降低传染病的危害。

④ 建立健全兽医卫生防疫制度，依据肉牛不同生产阶段的特点，制订兽医保健防疫计划。

⑤ 实行"全进全出"的肉牛育肥制度，使牛舍彻底空栏、清

洗、消毒，确保生产的计划性和连续性。

⑥ 当发现新的传染病以及口蹄疫、炭疽等急性传染病时，应立即对该牛群进行封锁，或将其扑杀、焚烧和深埋，对全场栏舍实施强化消毒，对假定健康牛进行紧急免疫接种，禁止牛群调动并将疫情及时上报主管行政部门。

二、预防措施

（一）场址选择要合理

牛场要求地势高燥，水源充足、供电有保证和交通方便，背风向阳，利于排污和污水净化，便于设防的地区；同时远离人群居住地、其他动物饲养场及其畜产品加工厂，距离交通要道 500 米以上有相对安全的生物环境。

（二）场内布局要科学

牛场按功能划分为三个大区，即生产区、生活区、管理区。生活区建在生产区的上风口，管理区在生活区的下风口。生产区内不同年龄牛应分开饲养，相邻的牛舍保持一定距离。生产区和办公区要严格分开，场门、生产区入口处应设置消毒池。粪场、病牛舍、兽医室应设在牛舍的偏下风向处。

（三）采用全进全出生产系统

在生产线的各主要环节上，分批次安排牛的生产，全进全出，每批牛在生产上拉开距离，可以有效切断疫病传播途径，防止病原微生物在牛群中连续感染、交叉感染。

（四）建立、健全并严格执行隔离制度

将牛群控制在有利于防疫和生产管理的范围内进行饲养，是基本防疫措施之一。

① 场区外围应根据具体条件使用隔离网、隔离墙、防疫沟等，建立隔离带；生产区只设立一个供生产人员及车辆出入的大门，一个专供装卸牛的装牛台，引进牛的隔离检疫舍；在生产区下风口设立病牛隔离治疗舍，尸体剖检及处理设施等。

② 建立并执行本场工作人员、车辆出入的管理制度。

③ 建立并执行外来车辆、人员进入场的隔离管理制度。

④ 建立并执行场内牛群流动、牛出入生产区管理制度。

⑤ 建立并执行生产区内人员流动、工具使用管理制度。

⑥ 建立并执行粪便的管理制度。贮粪场的牛粪中常含有大量细菌及虫卵，应集中处理。可在其中掺入消毒药，也可采用疏松堆积发酵法，高温杀灭病菌和虫卵。

⑦ 建立并执行场内禁养其他动物、携带动物和动物产品进场的管理制度。

⑧ 建立并执行患病牛和新购入牛的隔离制度。当发现疑似传染病牛时，应及时隔离。当有传染病发生时，应及时诊断，必要时进行临时检疫。

⑨ 患结核和布氏杆菌病的人不准入场喂牛。

（五）建立经常性消毒制度

① 场门、生产区入口处消毒池内的药液要经常更换（可用2%的氢氧化钠溶液），并保持有效浓度，车辆、人员都要从消毒池经过。

② 牛舍内要经常保持卫生整洁、通风良好。厩床每天要打扫干净，牛舍每月消毒一次，每年春、秋两季各进行一次大的消毒。常用消毒药物有：10%~20%的生石灰乳、2%~5%的火碱溶液、0.5%~1%的过氧乙酸溶液、3%的福尔马林溶液或1%的高锰酸钾溶液。

③ 转群或出栏净场后，要对整个牛舍和用具进行一次全面彻底的消毒，方可进牛。

（六）做好牛场防疫、定期驱虫

① 兽医人员应每天深入牛群，仔细观察，做好记录。

② 从外地引进的牛要进行检疫和驱虫后再并群。

③ 按照牛的免疫程序、定期准时免疫。

④ 谢绝无关人员进场，不从疫区购买草料和畜禽，工作人员进入生产区需更换工作服。饲养人员不得相互使用其他牛舍的用具及设备。

⑤ 坚持定期驱虫。

（七）杀虫灭鼠

1. 杀虫

规模化肉牛场有害昆虫主要指蚊蝇等媒介节肢动物。杀灭方法可分为物理、化学和生物学方法，物理学方法主要是捕捉、拍打、黏附以及电子灭蚊蝇等。生物学灭虫法关键在于环境卫生状况控制。化学杀虫法主要是使用化学消毒剂在牛舍内进行大面积喷洒，向场区内外的蚊蝇栖息地、滋生地进行滞留喷洒。

2. 灭鼠

灭鼠法可分为物理、化学和生态学方法。由于规模化肉牛场占地面积大、牛高度密集，因此多采用化学和生态学方法，场外可使用快速杀鼠剂，一次投足量，场内可使用慢效杀鼠剂，对鼠尸及时收集处理。

第二节　肉牛的免疫与驱虫

一、免疫接种

有计划地给健康肉牛进行预防接种，可以有效地抵抗相应传染病的侵害。为使预防接种取得预期效果，必须熟悉牛群的情况，了解本地区传染病的种类及发生季节、流行规律，以便根据需要制订相应的预防计划，适时进行预防接种。此外，在引入或输出牛群、施行手术前，或发生创伤后，应进行临时性预防注射。对疫区尚未发病的牛，必要时也可做紧急预防接种。

（一）常用疫苗免疫接种方法

具体内容见表 10-1。

表 10-1 常用疫苗免疫接种方法

疫苗名称	疫病	接种方法	免疫期
炭疽芽孢氢氧化铝佐剂苗	炭疽	浓芽孢苗,使用时以1份疫苗加9份20%氢氧化铝胶稀释,充分混匀后即可注射,其用途用法与各种芽孢苗相同,一般使用该苗可减少注射反应	1年
无毒炭疽芽孢苗	炭疽	1岁以上皮下注射1毫升,1岁以下皮下注射0.5毫升,注射后14天产生足够的免疫力一年	1年
第1号炭疽芽孢苗	炭疽	不论大、小牛,皮下注射1毫升,注射后14天产生足够的免疫力	1年
气肿疽明矾菌苗	气肿疽	不论大、小牛,皮下注射5毫升,不足6月龄小牛长到6个月时再注射一次	6个月左右
牛出血性败血症氢氧化铝菌苗	牛出血性败血症	体重100千克以下,皮下注射4毫升,100千克以上,皮下注射6毫升,注射后21天产生免疫力	9个月
布鲁氏菌猪型二号疫苗	布鲁氏菌病	口服接种:每头牛500亿活菌	暂定2年
布鲁氏菌羊型五号疫苗	布鲁氏菌病	可采用皮下注射、气雾免疫和口服等方法,其剂量分别为:皮下注射250亿个活菌,室内气雾免疫250亿个活菌,室外气雾免疫400亿个活菌,口服250亿个活菌	暂定1年
破伤风抗毒素	破伤风	供紧急预防或治疗用。皮下或静脉注射,治疗时可重复注射一至数次,预防剂量、治疗剂量分别为:三岁以上牛,6 000~12 000、60 000~300 000;三岁以下牛,3 000~6 000,50 000~100 000抗毒单位	2~3周
肉毒梭菌(C型)灭活疫苗	肉毒梭菌中毒症	皮下注射剂量10毫升	1年
牛肺疫兔化藏系绵羊弱化毒疫苗	牛传染性胸膜炎	用氢氧化铝胶盐水或生理盐水稀释100倍,对牧区牛臀部肌内注射,成年牛2毫升,2岁以下0.5毫升;对农区黄牛用50倍稀释的氢氧化铝苗,尾端皮下注射,成年牛1毫升,2岁以下牛0.5毫升	1年
兽用狂犬病ERA株弱毒细胞苗	狂犬病	用灭菌蒸馏水或生理盐水稀释,每瓶稀释成10毫升,每头牛肌内注射或皮下注射5~10毫升	1年
O型口蹄疫BEI灭活油佐剂苗	口蹄疫	每头份皮下注射或肌内注射5~10毫升,每年换季注射一次	1年

(二) 肉牛育肥场免疫程序

日常有计划地进行预防接种（表10-2），或疫病发生早期对牛群进行紧急免疫接种，是规模化肉牛场综合防疫体系中的重要环节，也是构建肉牛业生物安全体系的有效措施之一。

表10-2 常用疫苗免疫接种方法

年龄	疫苗	接种方法	免疫期
1月龄内	无毒炭疽芽孢苗	皮下注射0.5毫升	1年
	伪狂犬病灭活疫苗	皮下注射8毫升	1年
	破伤风明矾沉淀类毒素	皮下注射0.5毫升	1年
	牛出血性败血症氢氧化铝菌苗	皮下注射4毫升	9个月
	牛气肿疽甲醛明矾菌苗	皮下注射5毫升	6个月
6月龄	狂犬病弱毒苗	皮下注射25~50毫升	6个月
	布氏杆菌19号苗	皮下注射5毫升	12~14个月
	牛痘苗	皮下注射0.2~0.3毫升	1年
	气肿疽牛出败二联苗	皮下注射1毫升	6个月
	牛肺疫氢氧化铝菌苗	肌内注射1毫升	1年
	牛传染性鼻气管炎灭活苗	肌内注射4毫升	6个月
	牛黏膜病弱毒疫苗	肌内注射1毫升	1年
12月龄	无毒炭疽芽孢苗	皮下注射1毫升	1年
	破伤风明矾沉淀类毒素	皮下注射1毫升	1年
	狂犬病疫苗	皮下注射25~50毫升	6个月
	口蹄疫弱毒苗	皮下注射1毫升	6个月
	伪狂犬病灭活疫苗	皮下注射10毫升	1年
	牛传染性鼻气管炎灭活苗	肌内注射4毫升	6个月
	肉毒梭菌明矾菌苗	皮下注射10毫升	1年
	钩端螺旋体病灭活多价苗	参照产品说明	1年
	魏氏梭菌灭活苗	皮下注射5毫升	6个月

（续表）

年龄	疫苗	接种方法	免疫期
18月龄	狂犬病疫苗	皮下注射25~50毫升	6个月
	布氏杆菌19号苗	皮下注射5毫升	6个月
	牛痘苗	皮下注射0.2~0.3毫升	1年
	气肿疽牛出败二联苗	皮下注射1毫升	6个月
	牛肺疫氢氧化铝苗	肌内注射1毫升	1年
	牛传染性鼻气管炎灭活苗	皮下注射5毫升	6个月
	牛黏膜病弱毒疫苗	肌内注射1毫升	1年
	口蹄疫弱毒苗	皮下注射1毫升	6个月
	魏氏梭菌灭活苗	皮下注射5毫升	6个月
24月龄	无毒炭疽芽孢苗	皮下注射1毫升	1年
	破伤风明矾沉淀类毒素	皮下注射1毫升	1年
	伪狂犬病灭活疫苗	皮下注射10毫升	1年
	肉毒梭菌明矾菌苗	皮下注射10毫升	1年
	钩端螺旋体病灭活多价苗	参照产品说明	1年
	狂犬病疫苗	皮下注射25~30毫升	6个月
	牛传染性鼻气管炎灭活苗	皮下注射5毫升	6个月
	口蹄疫弱毒苗	皮下注射1毫升	6个月
	魏氏梭菌灭活苗	皮下注射5毫升	6个月
成年牛	牛痘苗	皮下注射0.2~0.3毫升	1年（冬天免疫）
	牛肺疫氢氧化铝苗	肌内注射1毫升	1年
	牛气肿疽甲醛明矾菌苗	皮下注射5毫升	6个月（春天免疫）
	炭疽菌苗	皮下注射1毫升	1年（春天免疫）
	破伤风明矾沉淀类毒素	皮下注射1毫升	1年
	牛出血性败血症氢氧化铝菌苗	皮下注射6毫升	9个月
	伪狂犬病灭活疫苗	皮下注射10毫升	1年
	肉毒梭菌明矾菌苗	皮下注射10毫升	1年
	口蹄疫弱毒苗	皮下注射2毫升	6个月（春秋各一次）
	狂犬病疫苗	皮下注射25~50毫升	6个月（春秋各一次）
	钩端螺旋体病灭活多价苗	参照产品说明	1年
	牛传染性鼻气管炎灭活苗	皮下注射5毫升	6个月（春秋各一次）
	魏氏梭菌灭活苗	皮下注射5毫升	6个月

（续表）

年龄	疫苗	接种方法	免疫期
妊娠母牛	犊牛副伤寒苗	见疫苗生产标签	分娩前4周注射
	犊牛大肠杆菌苗	见疫苗生产标签	分娩前2~4周注射
	牛传染性鼻气管炎灭活苗	见疫苗生产标签	分娩前8周注射
	魏氏梭菌灭活苗	皮下注射5毫升	分娩前4~6周注射

二、驱虫

肉牛以青草、秸秆、牧草等粗饲料为主要食物来源，其在放牧、采食过程中经常接触地面，其体内消化道极易感染多种线虫，体外感染螨、蜱、虱等寄生虫。肉牛感染寄生虫后，表现为消化失调、食欲不振、腹泻、长期消瘦、呼吸急促、咳嗽、黄疸、被毛无光粗乱、卧地吃食，粪便含多量黏液或血液。虫体多时造成肠阻塞或穿孔，甚至引起死亡。出现上述问题的原因主要是，养殖者在肉牛育肥过程中对驱虫的必要性和重要性认识不足，对具体的方法和操作过程中应注意的事项没有充分掌握，致使在肉牛育肥过程中出现不驱虫或驱虫不科学等情况时有发生。因此，做好驱虫工作十分重要。

（一）原则

重视预防是最基本的原则。在流行区域内，对15~30日龄的犊牛实施驱虫。搞好牛舍及运动场地的清洁卫生，做到勤清扫圈舍内粪便，并用发酵方法处理粪便。将母牛、小牛隔离饲养，从而降低母牛受感染的机会。

（二）常用驱虫药物

应在对本场牛群中寄生虫流行状况调查的基础上，选择最佳驱虫药物、驱虫时间，制订驱虫计划，要按计划有步骤地进行驱虫，注意驱虫时间以及用药前和驱虫过程中加强牛舍环境中的灭虫（虫卵），防止重复感染。常用驱虫药物见表10-3。

表 10-3　常用驱虫药物

药物名称	制剂	使用方法	使用剂量	备注
左旋咪唑	针剂	肌内注射	8 毫克/千克	对肠道线虫有效，对鞭毛虫无效
	片粉剂	口服	8 毫克/千克	
丙硫苯咪唑	片粉剂	口服	10~20 毫克/千克	对肠道的线虫、吸虫、绦虫有效
兽用精制敌百虫	片粉剂	口服	0.1~0.2 毫克/千克	对肠道线虫有效
1%伊维菌素	针剂	肌内注射	1 毫克/33 千克	对肠道线虫及疥螨有效
阿维菌素	片粉剂	口服	33 微克/千克	对肠道线虫及疥螨有效
增效磺胺制剂	针剂	肌内注射	20~25 毫克/千克	可用于防治球虫、弓形体
	片粉剂	口服	30 毫克/千克	
盐酸氯苯胍	片粉剂	口服	12~24 毫克/千克	对球虫、弓形体有效
杀虫脒	油乳剂	喷洒	0.1%~0.2%	外用杀疥螨
双甲脒	油乳剂	喷洒	0.025%~0.05%	外用杀疥螨

(三) 注意事项

坚持定期驱虫。结合本地情况，选择驱虫药物。一般是每年春秋两季各进行一次全牛群的驱虫，平常结合转群时实施。

1. 驱虫时间

育肥肉牛驱虫要根据当地寄生虫流行特点选择适宜的时间。犊牛 1 月龄和 6 月龄各驱虫一次。育肥牛在育肥之前要为牛驱虫。一般在春季、秋季和成熟前进行驱虫。成熟前驱虫是近年提出的措施，此法是在深冬大剂量用药将肉牛体内寄生的成虫和幼虫全部驱除，以降低肉牛的荷虫量，避免或减少肉牛春乏致死。该方法的优点：一是把虫体消灭在成熟产卵前，以防止虫卵和幼虫对外界环境的污染；二是切断宿主病程发展，利于保障育肥肉牛的健康。另外，驱虫工作最好安排在下午或晚上开展，牛在第 2 天白天排出体内虫体，利于收集处理。

2. 驱虫药物

药物选择原则是低毒、高效、经济、使用方便。当开展大规模驱虫时，必须进行驱虫试验。对驱虫药物的用法、剂量、驱虫效果及毒副作用有一个科学认识后方可大规模应用。用药前，应通过粪便性状、相关症状等进行确诊，然后再根据所感染寄生虫病的虫子种类选择合适的驱虫药。驱线虫药有左旋咪唑、敌百虫、盐酸噻咪唑、呱嗪等；驱吸虫药有硝硫酚和硫双二氯酚等；驱囊虫药有吡喹酮；驱弓形体病的药有乙氨嘧啶和磺胺类等。由于可以感染牛寄生虫病的虫子种类很多，有的还会发生并发感染。因此，无论选用哪一种药，最好是用一段时间后更换另一种药，从而减少产生抗药性的可能性，以免影响驱虫效果。

3. 驱虫时机

给肉牛驱虫不仅要对症下药，还要把握投药时机。投药太早达不到驱虫效果，太迟则影响肉牛发育，形成僵牛。应根据虫体的种类、发育情况和季节等确定驱虫时机。一般情况下，第 1 次驱虫宜选在肉牛达到 30 千克左右体重时进行，这样能实现将几种虫一齐驱除的效果。

4. 驱虫前要禁食

为便于驱虫药物的吸收，在驱虫前应先禁食 12~18 小时，计算好用药量，将药研碎，均匀混入饲料中，并加入少量盐水或糖精，增强其适口性，在晚上 7~8 时将药物与饲料混合投放给肉牛一次吃完。驱虫用药期 6 天，实施固定地点饲喂、圈养，便于对场地实施清理、消毒等工作。

5. 驱虫畜舍需消毒

驱虫后肉牛排出的粪便及病原物都要集中开展无害化处理，对清除的粪便主要是焚烧或深埋。肉牛舍地面、墙壁和饲槽可用 5% 石灰水实施消毒。

6. 驱虫后需认真观察

有呕吐、腹泻等中毒症状，应立即让牛饮服半熟绿豆汤；对拉稀牛，可用木炭 50 克拌料喂服，连用 3 天，用药 21 天后才可宰杀食用。

7. 给有应激反应肉牛驱虫

牛因运输、惊吓或环境变化等因素，较易产生应激反应，可在饮水中加入少量食盐及红糖，连喂7天，同时，多投喂青草、青干草，2天后加入少量麸皮等精料，并观察牛群的采食、排泄及精神状况，在牛只稳定后再开展驱虫和健胃工作。

第三节 肉牛"两病"的监测

牛的结核病和布氏杆菌病，简称"两病"，是人畜共患且能互相传染的慢性传染病。人患病后，病程长，久治不愈，严重的可丧失劳动能力。牛患病后，各项生产性能均下降，繁殖力降低，生产寿命严重缩短，造成不可挽回的经济损失。因此，做好肉牛"两病"监测工作，对保证人民健康、促进肉牛业发展具有十分重要的意义。

"两病"监测即利用血清学、病原学等方法，对"两病"病原或抗体进行监测，以掌握牛群疫病情况，及时发现疫情，尽快采取有效防治措施。

一、定期检疫

适龄牛必须接受布病、结核病监测（适龄牛指20日龄以上）。牛场每年开展两次及以上布病、结核病监测工作，要求对适龄肉牛监测率达100%。兽医人员应定期对牛群进行系统检查，大群检查时应注意牛的外表、运动、休息、采食、饮水、排尿、排便等方面，必要时抽查牛的呼吸、心跳、体温三大指标。对获取的资料进行统计分析，作出判断，制订相应的防疫措施。

（一）监测标准

布病、结核病监测及判定方法按农业部部颁标准执行，即布病采用试管凝集试验、琥红平板凝集试验、补体结合反应等方法，结核病用提纯结核菌素皮内变态反应方法。

（二）检测方法

1. 结核病

初生犊牛，应于20～30日龄时，用提纯结核菌素皮内注射法进行第一次监测。假定健康牛群的犊牛除隔离饲养外，并于100～120日龄，进行第二次监测。凡检出的阳性牛只应及时淘汰处理，疑似反应者，隔离后30日进行复检，复检为阳性牛只应立即淘汰处理，若其结果仍为可疑反应时，经30～45天后再复检，如仍为疑似反应，应判为阳性。

2. 布氏杆菌病

对牛进行采血，分离血清作为受检血清，做血清学实验进行判定。按国标/T 18646—2002动物布鲁氏菌病诊断技术进行实验室检验。初筛试验用平板凝集试验和正式试验动物布病试管凝集试验相结合的方法检验。虎红平板凝集试验的方法：将被检牛血清与布鲁氏菌虎红平板抗原各0.03毫升滴于玻璃板上混匀，在室温下4～10分钟呈现结果，出现凝集现象为阳性反应，完全不凝集的为阴性。受检血清虎红平板凝集试验阳性者送往动物卫生检疫部门再进行试管凝集试验定性检验，试管凝集为阳性者可定性。如在试管凝集试验中出现可疑反应，牛经一个月后复检，仍为可疑者判定为阳性，判定为阳性布病牛。

二、健康牛群的认定

（一）结核病净化

检出结核阳性反应的牛群，经淘汰阳性牛后，认定为假定健康群，应该每年用提纯结核菌素皮内变态反应进行3次以上监测，及时淘汰阳性牛，对可疑牛处理同第三条，连续2次监测不再发现阳性反应牛时，可认为是健康牛群。健康牛群结核病每年监测率100%，如在健康牛群中（包括犊牛群）检出阳性反应牛时，应于30～45日进行复检，连续2次监测未发现阳性反应牛时，认定是健康牛群。

（二）布病净化

牛场可以采取健康公牛的精液进行人工授精，牛犊出生以后食用母乳 3~5 天以后送入到隔离舍，喂养健康乳或者消毒乳，80~90 日龄进行第一次监测，6 月龄进行第二次监测，均为阴性者，方可转入健康牛群。呈现阳性的牛送入到病牛群当中。假定健康牛群在 12 月当中要采取 4 次以上的检疫，没有阳性的牛才可以认定为健康牛群。

三、阳性牛只的处理

布病、结核病每年监测率应为 100%，凡检出阳性牛只应立即淘汰处理。对疑似反应牛只必须进行复检，连续 2 次为疑似反应者，应判为阳性，牛只做淘汰处理。

四、牛只进出场的检疫

运输牛时，须持有当地动物防疫监督机构签发的有效检疫证明，方准运出，禁止将病牛出售及运出疫区。由外地引进牛时，必须在当地进行布病、结核病检疫，呈阴性者，凭当地防疫监督机构签发的有效检疫证明方可引进。入场后，隔离、观察 1 个月，经布病、结核病检疫呈阴性反应者，始可转入健康牛群。如发现阳性反应牛只，应立即隔离淘汰，其余阴性牛再进行一次检疫，全部阴性时，方可转入健康牛群。

第十一章　肉牛场经营管理

肉牛场经营的好坏，取决于管理水平。因此，经营管理是牛场生产的重要组成部分，是运用科学的管理方法、先进的技术手段，统一指挥生产，合理优化资源配置，最大化提升牛场的管理水平，节约劳动力，降低生产成本，实现生产效益和经济效益最大化。管理者不仅要注重生产技术方面的改进、提高，还要抓好牛场的经营管理工作。

第一节　肉牛场组织机构设置和岗位管理

一、组织机构

肉牛场的组织机构应本着精简、责任明确的原则设置。职能机构包括生产、饲料加工、购销、后勤、财务等部门。人员编制本着高效优质、以岗定编、以岗定薪的原则，采取岗位职责明确、聘任上网、培训上岗的劳动组织形式，以确保牛场正常的生产组织形式和正常的生产秩序。

（1）财务部门　严格遵守国家的财务制度，账目齐全、规范，能及时反映一切经济活动。做好统计工作，核算生产成本，向有关部门及时反映财务状况。

（2）生产部门　建立和健全各项生产规章制度，制定和执行生产操作规程，安全、高效组织生产。

（3）购销部门　根据生产安排，制订购销计划。联系货源产地和产品销售地，建立长久联系。安排专业采购或销售人员，按时、保质、保量，以最经济渠道购销产品，以保证生产秩序正常运行和资金正常周转。

二、岗位目标管理

岗位目标管理是根据牛场实际，在充分考虑牛场规模、生产水平、人员素质、机械化程度等因素的基础上，设定相应岗位及目标，对人进行量化管理。

（一）岗位的设定及职责

1. 岗位设定坚持的原则

以人为本，精简用工设计，简化组织关系，因事设岗，因量设人，责任到人，分工明确，责任分明，择优上岗，不窝工，有监管。总之，在保证工作圆满完成的情况下，用工越少越好。

2. 岗位的设定及职责

（1）场长　根据牛场规模、生产工艺等具体情况还可设置副场长或场长助理。贯彻执行国家、地方的有关肉牛生产的路线、方针、政策，制订全盘计划包括年度生产计划和肉牛场的长远规划。审查本场基建规模和投资计划。组织各部门制订或修订技术操作规程。检查各部门的工作及计划执行情况。负责肉牛场生产、销售和人事劳资等重大问题。

（2）饲养技术员　如果场长具备很高的技术水平，又有能力将此职位负责的工作抓起来的话，此职位可以不设，否则必须要设。该岗位主要负责全场的饲养技术工作，组织制订配种产犊计划、牛群周转计划、牛肉生产计划、饲草料使用计划等。做好生产测定工作，如体尺测量、各阶段体重、日增重、饲料转化率的测定等。做好饲草饲料的原料采购计划和制定日粮配方，检查配方生产情况和使用效果。做好养殖档案记载、配种记录、制订选种选配方案，收集并记录最基本的育种材料。对饲养员、配料工要做好技术指导工作。积极参加科研或配合科研工作不断推广新品种、新技术。

（3）人工授精员　根据牛场规模可设一人或多人不等。主要负责制订冻精、液氮及配种器械的采购计划和配种产犊计划。做好发情鉴定、妊娠鉴定工作，及时输精，严格按技术操作规程输精。定时检查生殖系统的疾病，做好记录，会同兽医治疗产科病。做好选配工作，统计受胎率、繁殖率等资料信息，对存在的问题做出及时处理。定时到运动场、牛舍巡视，以便发现发情牛。

（4）兽医　对一些规模较小的牛场，兽医可由人工输精员兼任。主要负责牛群卫生保健、疾病监控和治疗，重点对传染病、营养代谢病、不孕症、蹄病等做好防治工作，贯彻防疫制度，做好牛群的定期检（免）疫工作，免疫要做好记录，包括免疫日期、疫苗种类、免疫方式、剂量，免疫人姓名等工作，并存入档案。遵守国家的有关规定，不得使用任何明文规定禁用药品，将使用的药品名称、种类、使用时间、剂量，给药方式等填入监管手册，制订用药、休药计划，规范用药行为。建立每天现场检查牛群健康的制度。制订药品和器械购置计划。定时到牛舍巡视，密切与饲养员的联系，配合饲养技术人员共同搞好饲养管理和疾病预防工作，及时发现病牛，及时治疗。每天对进出场的人员、车辆进行消毒检查，监督并做好每星期的牛场大消毒工作。对购进、销售活牛进行监卸监装，负责隔离观察进出场牛的健康状况、驱虫、加施耳牌号，填写活牛健康卡。做好疾病的诊治记录和总结经验，培训饲养员最基本的预防疾病的知识，降低医疗费用。

（5）饲养员与配料员　饲养员与配料员可单设，也可合并设，主要根据机械化程度、牛场规模、人员素质来定。主要任务是能按配方要求准确配合精饲料，料与包装袋要相符，定时定量完成工作，把配合料准确无误地发放下去，禁止出现母牛采食育肥料或育肥牛采食母牛料等错误。保证不使用发霉变质饲料原料，对饲料原料有质量异常的，要及时报告给直管负责人。做好饲料原料的保管工作，做到防火、防鼠和防潮，堆放整齐、有序节省空间。要保证饲料清洁、卫生，捡出原料中的异物，如铁钉、铁丝、塑料膜、石块和玻璃碴等，捡出霉变原料。饲养员按照饲养规程、管理制度做好对牛的看护工作，发现牛有异常及时报告给兽医。勤添饲草，勤给水槽放水。做好牛舍及牛体的清洁卫生工作，清除粪便，清扫牛床，对每一头牛按一定顺序刷拭。发现牛发情、产犊、发病等异常情况，立即报告有关人员，并协助有关人员解决。做好牛场及牛舍的安全工作，下班前关灯、关窗，经过检查后方可离开牛舍。

（6）仓库管理员　仓库管理员还可分为饲料管理员、兽药管理员、后勤管理员等，大的牛场这些岗位可单独设立，中小规模牛场可合并设立由同一人担任，具体视情况而定。主要责任是对饲料、兽药、机械设备等进行出入库登记管理，做好仓库内物品保管，防止丢失，严防饲料发霉变质及其他物品的损坏，物料摆放要整齐、干净，要便于存取，严防火灾。饲料、兽药消耗到预警数量要及时向场长报告，以便及时补充库存。

（7）数据统计员　数据统计是一项非常重要的工作，统计员负责把牛场生产数据进行记录、汇总、分析，及时反馈给场长，场长再根据分析结果对工作、计划做出指导、调整、安排。数据是做好牛场管理的依据。有助理的，此职位可由场长助理兼任，没有的要进行单设。要求责任人工作严谨、认真、时间观念强，工作不能拖拉。

（8）会计与出纳　会计和出纳要各设一人，出纳负责现金，会计负责结算。主要负责牛场财务管理，要严格按财务管理制度办事，做到日清月结。结账时要做到进料数量与库存、消耗量相符。每月要有财务分析。

（二）岗位目标

岗位目标就是对岗位责任的进一步细化，它是根据牛场实际情况，针对每个具体岗位设置的量化工作指标，是监督每个岗位工作好坏的具体依据。

1. 制定岗位目标的原则

坚持"能量化、不模糊，有难度、可完成，能认可、自觉做"十八字方针。即指标尽可能做到量化，不要用模糊的语言去描述，以便于考核；制定的指标一般要高于目前牛场水平，在完成上要有一定难度，但经过努力可以完成；另外岗位目标的设定要做到人性化，征得责任人同意，认可此指标，才能确保目标完成。

2. 岗位目标设定

（1）目的　目的在于使牛场管理更加精细，职工责任更加明确，为考核奠定基础。

（2）设定

① 依据理想技术指标。技术指标能否达到理想水平是衡量牛场技术管理水平高低的依据，岗位指标要参考理想技术指标来定。

② 依据牛场目前生产水平，设定牛场短期希望实现的结果。如果牛场目前生产水平很低，要想一下就把指标定到理想水平上，在短时间内不容易做到，岗位责任人也不会同意。定指标要循序渐进，逐渐提高，既要比现有水平有较大提高，还要让责任人有能力达到。

③ 依据职工的素质、能力所及来制定目标。

④ 依据岗位及职责。要把岗位目标与职责相对应，不要把不属于本岗位的责任指标放到该岗位上，这会造成指标不清、责任不明，容易发生推诿、扯皮现象。

（3）落实　目标制定出来，必须要落实到相应岗位及其责任人。如果责任人不对目标提出异议，就等于该职工认可并承担了该责任目标，也就等于对牛场做出了完成目标承诺。

（三）注意事项

① 岗位设定要有计划，要根据牛场的规模、员工素质、工作量的大小等本场具体情况来设定岗位及人员的多少，不要盲目随机设置，更不能拍脑门，不能盲目增人招人。

② 岗位要因岗招人，因岗用人，不能把与岗位不相应的人随便安排。

③ 岗位及目标设定要责任分明，最好不要有交叉，防止扯皮。

④ 岗位设人要按满负荷的要求设置人的多少，也就是我们常说的不能窝工。

三、绩效考核管理

考核是牛场对每个员工岗位目标完成情况的监管，是确保各项目标圆满完成的重要保障。绩效是对工作干得好坏、目标完成与否的一种货币表达方式，是对考核结果的兑现，是调动职工积极性的重要举措。工资多少是岗位目标管理与考核绩效管理的最终表达方式或实际表达方式。

（一）制定绩效考核管理办法

为了便于考核，必须首先制定出《绩效考核管理办法》，办法要有目标、有完成要求、有奖罚办法，并对多长时间进行一次考核作出规定。目的在于为如何考核、怎样考核、考核什么、考核完怎么办提供依据。在奖罚管理办法的制定上，需要注意的问题是要"重奖励、轻惩罚"，之所以这样做，一是因为牛场工作与其他行业劳动力市场的竞争上处于弱势地位，劳动者素质相对较差；二是员工对工作产生负面情绪后，破坏和报复成本高并且不易监控。

（二）考核管理

设立组织：一般有组长，有组员；组长一般由场长担任，另设1~2名组员；考核小组人员要求责任心强，为人正直，工作认真，有爱岗敬业精神，并有一定专业知识。按考核管理办法的要求对各岗位进行考核，考核要做到公正、公开、透明。对考核情况进行评估后，公布考核结果。

（三）绩效管理

绩效可以简单理解为是根据考核发放的工资，工资一般设固定工资和浮动工资，浮动工资才是具体的考核绩效工资，实发工资最终要等到考核完成后确定。

1. 固定工资

（1）分项设置　主要包括全勤奖+基本工资+岗位工资+学历工资+工龄工资+考试工资+餐补。

① 全勤奖：工作日一天不休为全勤，主要为了鼓励职工不请假，以防给正常工作带来麻烦。

② 基本工资：是工作期间的最低工资保证，其高低主要看当地的生活水平和工资水平。

③ 岗位工资：根据不同岗位工作性质、工作量的不同及工作

难易，对不同的工作岗位设置不同的工资；根据熟练程度再设一、二、三级工，每级之间再设一定工资差额。

④ 学历工资：根据大学、大专、中专学历高低设置一定工资差异，主要为留住人才；有的牛场不设此项工资，考虑的是不看学历而是能力，学历工资主要在岗位工资中体现。

⑤ 工龄工资：设置的目的主要是为了稳定职工队伍，想法留住有工作经验和能力的职工；由于畜牧行业工作环境差、地理位置偏僻，在劳动力市场没有竞争力，因此多数牛场都存在招人难、留人更难的问题，所以工龄工资每年增加的额度对员工要具有吸引力。

⑥ 考试工资：一般在大型养牛场才能有。主要目的是督促各岗位职工，加强学习，不断提高专业技能，考试过关的加级加薪，不过关的减级减薪。考试分月考、季考、年考；作为固定工资的加减薪额度一般 50~100 元不等；作为一次性奖励的考试也有，金额有大有小，主要看出于什么目的。

⑦ 餐补：由于职工离家较远或住场，长期在场吃饭，牛场都给一定的餐饮补助。有的牛场是吃饭免费。

（2）统一设置　固定工资不进行分项设置，招工时就谈每月工资多少，只要双方认可就行，简单明了。

2. 浮动工资

包括本月考核、本月加班两部分。

（1）本月考核　根据绩效考核管理办法对目标完成情况进行考核，兑现奖惩。

（2）本月加班　加班工资往往不按国家规定执行，一般是牛场规定或通过协商完成。

第二节　肉牛场生产计划管理

生产计划管理是肉牛场的重要管理内容。管理层根据生产计划指挥和组织生产，使各个生产环节衔接配套、综合协调、高效运转，顺利完成年度生产任务。但受技术水平限制，很多肉牛场难以做出各项生产计划。常用的生产计划有：牛群配种产犊计划、周转计划、饲料计划等。

一、配种产犊计划

合理组织配种产犊计划，减少空怀不孕牛是牛场各生产计划的基础，是制订牛群周转计划的重要依据。制订本计划可以明确计划年度各月份参加配种的成年母牛、头胎牛和育成牛的头数及各月份分布，以便做到计划配种和生产。

（一）所需资料

① 牛场上年度母牛分娩、配种记录。

② 牛场前年和上年所生育成母牛的出生日期等记录。

③ 计划年度内预计淘汰的成年母牛和育成母牛的头数及时间。

④ 牛场配种产犊类型、饲养管理条件及牛群生产性能、健康状况等条件。

（二）编制方法及步骤

具体编制方法举例说明。

实例：根据上述基本材料，得知某牛场 2015 年 1～12 月受胎的成年母牛和育成母牛头数分别为 25、5，29、3，24、2，30、0，26、3，29、1，23、5，22、6，23、0，25、2，24、3，29、2；上年 11 月、12 月分娩的成年母牛头数为 29、24，10 月、11 月、12 月分娩的头胎母牛头数为 5、3、2，2014 年 6 月至 2015 年 5 月各月所生育成母牛的头数分别为 4、7、9、8、10、13、6、5、3、2、0、1，2015 年底配种未孕母牛 20 头。该牛场规定为常年配种产犊，经产母牛分娩 2 个月后配种（如 1 月分娩 3 月配种），头胎牛分娩 3 个月后配种，育成母牛满 18 月龄配种 2015 年各月估计情期受胎率分别为 53%、52%、50%、49%、55%、62%、62%、60%、59%、57%、52%、45%，试为该牛场编制 2016 年度全群配种产犊计划。

编制方法及步骤如下。

① 如表 11-1 格式，画好配种产犊计划表。

表 11-1 配种产犊计划表

月份		1	2	3	4	5	6	7	8	9	10	11	12
上年受胎母牛头数	成年母牛												
	育成母牛												
	合计												
本年产犊母牛头数	成年母牛												
	育成母牛												
	合计												
本年配种母牛头数	成年母牛												
	头胎母牛												
	育成母牛												
	复配母牛												
	合计												
估计情期受胎率（%）													

② 将 2015 年各月受胎的成年母牛和育成母牛头数分别填入"上年受胎母牛头数"栏相应项目中。

③ 根据受胎月份减 3 为分娩月份，则 2015 年 4—12 月受胎的成年和育成母牛应分别在本年 1—9 月产犊，应分别填入"本年产犊母牛头数"栏相应项目中。

④ 2015 年 11 月、12 月份分娩的成年母牛及 10 月、11 月、12 月分娩的头胎母牛，应分别在本年 1 月、2 月及 1 月、2 月、3 月配种，应分别填入"本年配种母牛头数"栏相应项目内。

⑤ 2014 年 6 月至 2015 年 5 月所生的育成母牛，到 2016 年 1~12 月年龄陆续达 18 月龄而参加配种，分别填入"本年配种母牛头数"栏相应项目中。

⑥ 2015 年底配种未受胎的 20 头母牛，安排在本年十月份配种，填入"本年配种母牛头数"栏"复配母牛"项目内。

⑦ 将本年各月预计情期受胎率分别填入"本年配种母牛头数"

栏相应项目中。

⑧ 累加本年 1 月份配种母牛总头数，填入该月 "合计" 中，则 1 月份的估计情期受胎率乘以该月 "成年母牛+头胎母牛+复配母牛" 之和，得数 29，即为该月这三类牛配种受胎头数。同法，计算出该月育成母牛的配种受胎头数为 2，分别填入 "本年产犊母牛头数" 栏 10 月份项目内。

⑨ 本年 1～10 月产犊的成年母牛和本年 1～9 月产犊的育成母牛，应分别在本年 3～12 月、4～12 月配种，应分别填入 "本年配种母牛头数" 栏相应项目中。

⑩ 本年 1 月份配种总头数减去该月受胎总头数得数 27，填入 2 月 "复配母牛" 栏内。

⑪ 按上述第 "8、10" 步骤，计算出本年 11 月、12 月产犊的母牛头数及本年 2～12 月复配母牛头数，分别填入相应栏内。即完成 2016 年全群配种产犊计划编制，见表 11-2。

表 11-2　某肉牛场 2016 年配种产犊计划表

月份		1	2	3	4	5	6	7	8	9	10	11	12
上年受胎母牛头数	成年母牛	25	29	24	30	26	29	23	22	23	25	24	29
	育成母牛	5	3	2	0	3	1	5	6	0	2	3	2
	合计	30	32	26	30	29	30	28	28	23	27	27	31
本年产犊母牛头数	成年母牛	30	26	29	23	22	23	25	24	29	29	28	31
	育成母牛	0	3	1	5	6	0	2	3	2	2	4	5
	合计	30	29	30	28	28	23	27	27	31	31	32	36
本年配种母牛头数	成年母牛	29	24	30	26	29	23	22	23	25	24	29	29
	头胎母牛	5	3	2	0	3	1	5	6	0	2	3	2
	育成母牛	4	7	9	8	10	13	6	5	3	2	0	1
	复配母牛	20	27	29	34	35	34	27	23	23	22	22	26
	合计	58	61	70	68	77	71	60	57	51	50	54	58
估计情期受胎率（%）		53	52	50	49	55	62	62	60	59	57	52	45

二、牛群周转计划

生产过程中，由于一些成年母牛被淘汰，又将出生的犊牛转为育成牛或商品牛出售，而育成牛又转为生产牛或育肥牛屠宰出售，以及牛只购入、售出，从而使牛群结构不断发生变化。一定时期内，牛群组织结构的这种增减变化称为牛群周转。周转计划是牛场的再生产计划，是指导全场生产、编制饲料计划、产品计划、劳动力需要计划和各项基本建设计划的依据。为有效地控制牛群变动，保证生产任务的完成，必须制订牛群周转计划。

（一）牛群的组织

搞好规模化养牛场周转计划，是完成生产计划任务和扩大再生产的重要保证，有利于生产的组织管理。在牛场中应及时淘汰大龄牛、低产牛和繁殖机能差的成年牛，才能提高牛群的生产性能和产犊头数，因此，必须搞好育成牛、犊牛培育组织工作，以便及时补充生产上所需牛只数量。在生产上，应作好阶段饲养工作，按牛的年龄、性别、生产用途进行分组。在肉牛场，一般可将牛群分为犊牛组、育成牛组（公母分群）、育肥牛组、成年母牛组等。各组牛在整个牛群中所占比例，应根据养牛场生产方向、生产计划任务、使用年限、牛的成熟期等方面来决定。基础母牛群决定着牛场的生产规模和生产能力，犊牛、育成牛对生产规模的扩大提供保证，决定着商品牛和育肥牛的多少。牛群组织是围绕基础母牛群规模进行安排的，在基础母牛群中，由于年龄增大、疾病、低产等原因，每年需进行适当淘汰。对淘汰的基础母牛数能否及时得到补充和扩大，则由后备牛的多少和成熟期决定。所以，牛场生产规模的维持或扩大与成年牛的利用年限和后备母牛的成熟期及其数量相关。

（二）所需资料

① 计划年初各类牛的存栏数。

② 计划年末各类牛按计划任务要求达到的头数和生产水平。对于育肥牛场，根据生产规模计算购进肥育牛头数。

③ 上年 7~12 月各月出生的犊母牛头数及本年度配种产犊

计划。

④ 计划年淘汰、出售和肥育牛的头数。

（三）编制方法及步骤

制订牛群周转计划时，首先应规定发展头数，然后安排各类牛的比例，通过淘汰与更新手段，使牛群结构逐渐趋于合理，从而达到提高牛场经济效益的目的。

① 制作牛群周转计划表（表 11-3）。

表 11-3　牛群周转计划表

月份	犊母牛							育成母牛							成年母牛						
	期初	增加		减少			期末	期初	增加		减少			期末	期初	增加		减少			期末
		繁殖	购入	转出	出售	淘汰			繁殖	购入	转出	出售	淘汰			繁殖	购入	转出	出售	淘汰	
1																					
2																					
3																					
4																					
5																					
6																					
7																					
8																					
9																					
10																					
11																					
12																					
合计																					

② 将计划年初各类牛只数量、计划年末各类牛只应达数量填入相应的月初、月末栏内。

③ 计划年内各月将要繁殖的犊母牛数填入犊母牛的"繁殖"栏中。

④ 年满 6 月龄的犊母牛转入育成牛。转入育成牛时，应除去死亡、淘汰、出售的数量。查出上年度 7~12 月各月出生的犊母牛数，填入犊母牛 1~6 月"转出"栏内；本年度 1~6 月各月出生的犊母牛数分别填入 7~12 月各月"转出"栏中。

三、饲料计划

饲料是肉牛生产的物质基础，也是牛场一项最大的支出，占生产总成本的 60%~70%，成本的高低直接影响牛场经济效益。为了确保饲料及时供应，提高资金周转率，牛场应按饲养年度制订切实可行的饲料计划，尤其是青贮种植、收购计划，这是保证牛场饲料供应的关键。

（一）依据

① 全场牛群周转计划。

② 各类牛只的饲料定额。

③ 当地的饲料资源情况和饲料市场的价格变化规律等情况。

④ 本场自有饲料种植情况。

⑤ 本场各类饲料的贮存能力、加工条件。

⑥ 本场资金状况。

（二）编制步骤

第一步，根据牛群周转计划，计算计划年度内各月份及全年各类牛群的饲养头天数。

第二步，根据经验、本场出栏计划、贮存加工条件、当地饲料资源、饲料种植地情况、原料价格等因素，确定计划年度需要采用的饲料种类。

第三步，根据牛群饲料定额、饲养头日数，计算计划年度各月份及全年的各种饲料的需要量。计算方法是：各类牛群的饲料需要量＝全年各类牛群的年饲养头日数（全年平均饲养头数×全年饲养日数）×各种饲料的日消耗定额。

第四步，把各类牛群需要的饲料总数汇总，再增加 5%~10% 的损耗量，留出余地。将计算结果填入相应的表中，按月、按年、按饲料种类分别统计、汇总。

第五步，根据本场饲料自给程度、贮存加工条件和饲料来源，制订各类饲料的种植计划和采购计划。

四、产肉计划

肉牛场产肉计划是促进生产、改善经营管理的一项重要措施。制订产肉计划，必须根据牛群周转计划提供的育肥头数、牛群组别、月份以及育肥完毕后每头平均活重等进行制定，如表 11-4 所示。

表 11-4 ××牛场××××年产肉计划

类型	计划年内各月育肥头数												全年总计（头）	育肥期（日）	平均每头活重（千克）	活重总计（千克）
	1	2	3	4	5	6	7	8	9	10	11	12				
犊牛育肥																
育成牛育肥																
成年牛育肥																

五、劳动力计划

根据牛场实际情况先作好岗位设置，然后再根据岗位，设置用多少工、用什么的工、招多少工，如何精简现有人员等。

六、财务预算

（一）支出预算

① 费用支出：包括饲料费用支出，人员工资支出，其他费用如固定资产折旧、土地租用、招待、水电等支出。

② 投资支出：购牛、添置和更新设备等。

（二）收入预算

① 销牛收入：根据周转计划预算销牛收入。

② 销粪收入。

（三）效益预算

效益预算=收入−支出。

第三节　肉牛场的档案管理

养殖档案是牛场工作人员在从事免疫、生产、兽药饲料使用、消毒、诊疗、防疫检测、病死畜无害化处理等各项活动中形成的具有保存价值的数字记录，它是畜牧法强制执行的一项养殖行为。

一、建立养殖档案的法律依据

《中华人民共和国畜牧法》对档案管理作了比较明确要求和规定。

（一）建立档案的要求

第四十一条规定，畜禽养殖场应当建立养殖档案，并要载明以下内容。

① 畜禽品种、数量、繁殖记录、标识情况、来源和进出场日期。

② 饲料、饲料添加剂、兽药等投入品的来源、名称、使用对象、时间和用量。

③ 检疫、免疫、消毒情况。

④ 畜禽发病、死亡和无害化处理情况。

⑤ 国务院畜牧兽医行政主管部门规定的其他内容。

（二）对没有建立养殖档案的处罚

第六十六条规定：违反本法第四十一条规定，畜禽养殖场未建立养殖档案的，或未按照规定保存养殖档案的，由县级以上人民政府畜牧兽医行政主管部门责令限期改正，可以处一万元以下罚款。

二、建立养殖档案的意义

建立养殖档案，是把肉牛场生产管理当中真实的数据记录下来，通过对这些数据的统计、分析、总结、研究，使管理者对生产有一个更全面、更系统、更详细、更深入的了解，为总结经验、规划生产、科学决策奠定坚实基础。同时也为政府对重大动物疫病实施有效防控，依法科学使用饲料、兽药，切实保障畜禽产品质量和安全提供有效监管和追溯依据，所以，档案管理无论对企业还是对政府管理部门而言，都具有十分重要的意义。

三、养殖档案的建立

（一）建档原则

依法建档，科学管理，内容全面，记录真实，安全保管，定点留存。

（二）档案的建立

根据畜牧法，规定建立的档案内容不能少。有些省份建立了统一的档案制式，比如，河北省制定了14张畜禽统一制式表格，大大方便了养殖场档案的建立。另外也有一些大型牛场，根据本场实际情况，在畜牧法规定内容的基础上制定了自己的养殖档案制式，其记录的内容更加具体、详细。总之养殖档案必须具备且符合畜牧法的要求。

1. 养殖土地许可备案

养殖土地视作农业用地，这是畜牧法中作的规定，但必须在土地部门备案后才算获得养殖用地的合法使用权，否则被视为非法占地。档案内容如下。

① 有经营者申请手续，主要包括土地使用面积、使用形式、年限等。

② 有乡镇同意申报手续。

③ 必须有畜牧、土地部门审核，政府同意后的土地部门最终批手续。

2. 养殖许可备案

畜牧法规定养殖场要进行备案管理，所以养殖场必须有养殖备案审批手续档案。《畜牧法》第三十九条规定畜禽养殖、养殖小区应在当地县级畜牧主管部门进行备案，取得畜禽养殖代码。畜禽养殖代码由县级人民政府畜牧兽医行政主管部门按照备案顺序统一编号，每个畜禽养殖场、养殖小区只有一个畜禽养殖代码。

（1）备案的内容　单位名称、养殖品种、单位地址、常年存栏量、负责人、电话、邮政编码、畜禽养殖场（小区）有关情况简介、生产场所和配套生产设施（主要生产工艺）、畜牧兽医技术人员数量和水平（专业技能）、《动物防疫条件合格证》编号、环保设施。

（2）审批程序　一是申请备案的养殖场、养殖小区，向所在县（市、区）畜牧兽医行政主管部门提出申请，填写《河北省畜禽养殖场、养殖小区备案申请表》。二是县（市、区）畜牧兽医行政主管部门自收到备案申请之日起，15个工作日内组织有关人员现场核实。三是养殖档案齐全，情况属实的，登记备案，发给畜禽养殖代码。

3. **养殖场建设档案**

① 有平面图。包括用地面积、地面物等。

② 有牛场建设日期，建造所需材料、耗资用料、设计图纸、用工、设计人员等，以备发展扩建参考。

4. **检疫、免疫档案**

（1）免疫程序　牛场要制订自己的免疫程序并存入档案。

（2）免疫记录　主要记录牛舍号、牛龄、时间、存栏量、应免数量、实免数量、疫苗名称、生产厂家、购入单位、免疫方法、免疫剂量、免疫人（签字）、防疫监督责任人（签字）、备注等。

（3）防疫监测记录　主要记录采样日期、牛舍号、采样数量、监测项目、监测单位、疫病监测结果（阴、阳性头数）、免疫监测结果（合不合格及数量）、处理情况等。

5. **繁殖档案**

（1）系谱档案　系谱是牛场改良的基础资料，是牛场不可或缺的档案，系谱必须是一牛一档。系谱内容主要包括以下几点。

① 血亲记录：个体编号及父母、祖父母、外祖父母、曾祖父

母牛号。

② 生长生产记录：出生及第一次配种时体重、体高，产犊胎次及公母，产犊间隔等。

③ 体型外貌记录：体尺测量、体型线性鉴定记录等。

（2）配种记录　主要记录牛号、所在场、舍别、发情时间、第几情期、配种时间（一次、二次……）、冻精牛号、冻精使用量（一次、二次……）、准胎检查时间、妊娠诊断结果、复验结果、重大繁殖障碍记录、预产期等。

（3）产犊记录　主要记录牛号、所在场、舍别、产犊时间、公母、出生重、流产、早产日期、难/顺产、犊牛编号、死胎等。

6. 生产档案

（1）后备牛成长记录　主要记录牛号及各个生长发育阶段的体尺、增重数据等。主要用于判断后备牛生长、发育是否正常。

（2）存栏量　主要记录统计月份，牛舍号，日期及出生、调入、调出、死淘数，存栏数等。

（3）出售记录　主要记录牛号、月龄、数量、标识编码、销往或调往单位名称及电话号码、免疫情况、检疫员姓名、检疫证号码等。作为能繁母牛出售，还应附带系谱等资料。

（4）购牛记录　个体编号、购进品种、数量、售出单位及地址、免疫情况、检疫员姓名、检疫证号、消毒证号、畜禽标识号、是否附带系谱等。

7. 投入品档案

（1）兽药、饲料及饲料添加剂采购入库记录　主要记录购药日期、名称、规格、数量、批号、批准文号、生产厂家和经销商名称及电话。

（2）饲料、饲料添加剂和药物添加剂使用记录　主要记录牛舍号、开始使用时间、产品名称、生产厂家、批号及生产日期、用量、停止使用时间等。

（3）兽药使用记录　主要记录牛舍号、月龄、数量、畜禽标识编码、预防或治疗病名、使用的兽药名称及生产厂家、批号、购入单位、用药方法、投入剂量、休药期、开始使用时间、停止使用时间、兽医签字。

8. 病牛诊疗档案

主要记录用药开始使用日期、停止使用日期、标识编码、牛舍号、月龄或年龄、发病数、病因、诊疗人姓名、用药情况、休药期、诊疗结果等。

9. 病死牛、废弃物无害化处理档案

主要记录日期、处理对象、数量、处理或死亡原因、畜禽标识编码、处理方法、处理单位或责任人等。

10. 消毒档案

主要记录消毒日期、场所、消毒药名称、用药剂量、消毒方法、操作员签字。

四、档案管理当中应注意的问题

① 防止敷衍应付。有的牛场对档案根本不重视，完全是应付，数据记录不清，也不完整。如疫苗批号和生产厂家不登记，不记录免疫时间。消毒记录方式简单，一年四季从开头到尾就一种消毒药，而且只记多长时间一次，具体消毒日期不写。

② 认真做好牛只系谱登记。很多牛场不重视系谱的填写，或者根本没有系谱记录，导致改良工作无从下手。并且在实际中，很多牛场即使饲养基础母牛，也不建立系谱档案，执行盲目配种，致使群体后代改良效果越来越差。

③ 购牛记录要填检疫证号码，引进后应及时报检。

④ 投入品购入、领用要及时记录，不要丢三落四，要与实际相符。

⑤ 对牛发病和用药，病死畜处理要认真填写。

⑥ 填写完的养殖档案要放到档案柜中保存，不要乱丢乱放，没有填写完的档案，要求相关人员及时填写，妥善保管。

第四节　信息技术在现代肉牛生产中的应用

21世纪是计算机技术飞跃发展的时代，现代信息技术已经渗透到各个领域。随着经济全球化的日益加快，我国社会主义新农村建设和现代畜牧业的稳步推进，畜禽养殖场生产信息化管理和数据互联网共享作为畜牧业信息化的重要平台和手段，在政务信息、市场信息和技术信息的交流中，以其开放度高、信息量大、交互性强、查询快捷等特点，为新农村建设和农民增收，为调整农业产业结构、转变畜牧业增长方式、打造现代畜牧业强市发挥着重要作用。

随着移动互联网和信息技术的快速发展，传统行业的生产模式也主动或被动地随之发生改变，逐步形成了目前"互联网+"或者"+互联网"的产业发展特征。因此，针对我国肉牛养殖生产方式落后、规模化程度低、农村散养户多等特点，有必要充分利用移动互联网和计算机技术的方便性，同时结合云计算的强大支撑能力，对牛只、生产和人员进行科学有效的管理，以实现牛只信息电子化、生产自动化、人员标准化管理，加快肉牛业向自动化、信息化、专业化、现代化方向迈进的步伐，不断提高物联网"智慧"牧场建设水平，全力打造高档牛肉品牌。

一、关键信息技术简介

（一）RFID 个体信息电子识别标签（耳标）

无线射频识别技术（RFID）作为一种全新的非接触的快速自动识别技术，正在被越来越广泛地应用于现代化、规模化养殖产业中。RFID 识别系统一般由 2 部分构成，即电子标签（应答器 Tag）和阅读器（读头 Reader）。电子标签（图 11-1）固定在牛耳部，其位于阅读器的可识读范围时，阅读器自动以无接触的方式将电子标签的约定识别信息调取出来，从而自动识别个体信息。电子耳标是肉牛可被自动识别的电子身份证，人们可以方便地通过各种类型的专用阅读器对每一头牛进行自动识别。这样，就使得诸如个体甄别、数据统计、行踪控制、自动饲养、行为管理等许多科研、饲养、管理、调查工作有了实现自动化、信息化的技术手段，对牛只的跟踪管理能力会大为提高。

图 11-1　RFID 电子耳标

电子耳标作为识别防伪的标签，能够将每个动物的耳号与其品种、来源、生产性能、免疫状况、健康状况、畜主等信息一并记录起来，是实现牛只自动化、智能化管理的基石。一旦发生疫情和畜产品质量等问题，即可追踪（追溯）其来源，分清责任，堵塞漏洞。

（二）肉牛场数字化生产管理系统

通过肉牛场数字化生产管理系统，实现养殖环节的信息化管理，为每头牛建立标准的信息档案，实时、动态掌控肉牛场生产状况，实现生产性能的分析与评价，最终做到精细化养殖管理和合理的成本控制，提高养殖效益。

1. 档案管理

信息化系统可以通过牛只佩戴的唯一编码（电子耳标），实现牛只档案信息更方便、快捷的建档，并永久的保存。如配合相关的电子设备使用，能快捷地对单头牛进行管理。充分地将信息转化为实际生产力，解决人力资源不足的问题。

2. 繁殖管理

通过信息化系统可对牛只产犊记录信息保存，并对繁殖信息进行更新操作。同时能快速查询该牛只产犊的胎次、犊牛健康情况、配种日期、接生状况等信息。

3. 饲喂记录管理

记录每天的饲喂信息，包括不同配方针对指定牛群喂养，根据圈舍养殖数量的不同、添加饲喂量的不同，牛只的调整引起的饲喂变化等。分析日、月、年的饲喂数据，准确计算出每头牛的饲喂成本。

4. 疾病记录管理

通过信息化系统可以针对每头牛发病的时间、症状、所用药品、治疗时间、愈后情况等，做详细的记录。根据本次治疗方案，系统会自动分析保存治疗经验，在以后整个生产过程中，如再出现类似症状，能在系统中查找到可供参考的治疗方案。

5. 成本核算管理

系统通过对以上基础信息准确、详细地记录，可以对信息进行分类、汇总自动生成相关报表，让养殖企业的管理者更直观地从基础数据进行更科学化的管理。因而提高养殖场工作效率，有效地控制养殖成本，为养殖场增加更多的利润。

6. 数据统计和结果分析

通过管理系统对各种生产数据进行详细、完整的记录，利用系统的统计和分析模块，可以方便地对各种生产指标完成情况进行计算、查询、输出，省时、省力、快捷，一目了然。既能给管理者调整生产决策、改进管理措施提供科学指导依据，还能对主要技术人员的工作成绩进行公正、合理的考核与激励，有利于明确目标，提高工作效率。

（三）电子发情监测系统

该系统通过对牛只行走、躺卧、爬跨等日常活动数据进行分析，建立牛只活动量与发情关系的预测模型，进而准确判断发情期，提高发情揭发率。发情监控系统通常包括牛号识别与活动量采集发射系统、数据接收系统、数据分析处理通知系统三大部分。

1. 牛号识别与活动量采集发射系统

系统一般由安装在牛身上的计步器（腿部）或电子项圈（颈

部）组成，内置牛号识别单元、活动量记录单元和无线通讯发送单元，用以识别牛号、统计活动量和定时发送数据。

2. 数据接收系统

数据接收系统其核心是无线通讯接收单元，主要用来收集计步器或项圈发送过来的牛号、活动量等无线数据，并将数据传送给分析处理通知系统。

3. 数据分析处理通知系统

它是利用计算机接收和保存牛号和活动量数据，并通过计算牛活动量差异推算出牛的发情周期，判断该牛当前是否处于发情状态，如果是则给出提示，告知技术管理人员进行相应处理。

通过电子发情监控系统，可以实现对牛只发情行为 24 小时不间断监控，大大提高了发情揭发率，能达到 90% 左右，克服了人工观察发情的不连续性和漏检等问题。

（四）自动精准饲喂系统

通过该系统，实现自动化精细喂养，从而充分发挥每头牛的生产潜能，同时减少饲料浪费，降低生产成本。

1. 主要功能

（1）智能饲喂 通过自动身份识别，自动计算在位牛当餐日粮配方，自动配制在位牛（即经过识别确认身份并关闭在饲喂栏中的牛）TMR 日粮，自动监测当餐采食量。

（2）智能饮水 自动侦测饮水质量，根据实际干物质采食和营养成分摄入量及饲料组分特征自动计算最低饮水量和最佳供水量，自动调节饮水温度，自动供水。

（3）数据采集处理 自动体重、体温、心率测定、自动环境参数测定。智能营养评估和生产预测。

（4）福利功能 音乐，按摩、洗刷牛体。

2. 系统构成

系统由侦测、数据库管理和执行 3 个单元构成。侦测单元主要是对牛体温、环境温度、湿度、牛体重、饮水温度、采食量等数据，通过传感器采集，将数据传送到数据库管理系统。用一台计算机进行数据库管理，实现数据录入，数据分析，通过智能配方模块、控制模块进行配方计算和生成控制指令。执行单元主要由TMR 系统、供水系统及福利系统构成。

3. 工作流程

首先，牛自由进入饲喂栏。关闭栏门，系统自动识别牛身份，确认饲喂操作开始。开始播放音乐，自动测定体重、体温、心率和环境参数，系统查询数据库调用牛只状态数据，生成动态需要量标准，自动计算个体 TMR 配方。自动配料，TMR 混合机加工 TMR，投放饲槽，实时监测采食量，计算本餐实际干物质采食量，根据采食量计算饮水量，检查水源，定量供水。智能按摩和洗刷牛体。饲喂结束，打开栏门，推动牛只出栏，音乐结束。作业结束。

（五）自动称重系统

自动称重系统也叫行进式自动称重系统。系统设置在牛的行走通道中，在系统入口处有一用于牛号识别的感应器，当牛只从系统通过时，在自动称得牛只体重的同时，牛号也自动识别，这样体重就和特定的牛号相对应，体重数据通过数据线传入计算机数据库。通过自动称重系统，不仅提高了称重工作的效率和准确性，还可以监控牛只体重变化，分析生长发育情况，分析、调整牛只营养摄入情况，及时发现病牛等。

（六）自动清粪机器人

机器人（图 11-2）清粪工艺能实现牛舍的全自动清粪，运行轨迹可预先设置程序，通过 GPS 定位，具有机械刮粪板所有的优点，其初期成本较高，且只适用于漏缝地板。像机器人挤奶设备一样，其先进的自动化功能正逐渐被越来越多的用户所使用。采用机器人清粪设备，管理人员能简便的编制机器人在牛舍内的清扫路线。它能将污粪通道刮得非常干净，包括每个角落，其以 3.6 米/分的速度移动，因而对动物不会造成伤害。机器人适合所有棚式牛舍，面积和距离对机器人都不是问题。它能靠自己的轴作旋转运动。其优点集中体现如下：动物友好性、没有障碍、对任何牛舍进行全自动清扫。

图11-2 全自动清粪机器人

(七) 环境自动监测控制系统

该系统采用光照、空气温湿度、氧气浓度、氨氮浓度传感器对养殖环境进行实时感知，通过无线信息传输节点将数字信号传输到系统后台，经过服务器分析处理后形成图形化后显示输出。系统提供各种统计功能并支持数据导出，能够针对指标超标等情况自动报警。当环境指标超标时，中心控制系统会发出指令，自动开启和关闭牛舍内风机、电磁阀、卷帘门、遮阳板等设备，对牛舍空气温度、湿度、通风量和光照进行调控，实现环境控制的智能化管理，达到无人值守的目的。

(八) 犊牛自动饲喂系统

犊牛自动饲喂系统是在电脑的控制下，通过奶嘴，对带有感应项圈或电子耳标的犊牛进行自动哺喂代乳或鲜乳的设备。它是随现代化规模养牛业的发展而应运而生的产物，是新型的犊牛机械化饲养设备，采用的是更适合犊牛生物特性的新型饲养方式，也是人工控制条件下犊牛健康饲养和福利饲养的一场科技创新。犊牛自动饲喂设备既可以通过奶嘴饲喂代乳粉，随时搅拌随时喝，也可以饲喂鲜奶，随时加温随时喝，温度适宜、恒定保温。根据不同年龄阶段和每头犊牛的具体情况，按营养需要，可以在电脑中输入饲喂定量，其能控制犊牛自动饲喂设备进行精细和准确的饲喂，满足每头犊牛的营养需要，促进瘤胃发育，真正做到了定时、定质、定温、定量的"四定"精准饲喂。另外，动态监控犊牛饲喂过程，标定哺乳量异常的犊牛，及时发出警报提醒牧场主观察犊牛生长情况，便于饲养员尽早发现问题犊牛，及时处理和治疗。犊牛自动饲喂设备配置自动酸碱液清洗功能，饲喂机可对奶头进行内部及外部清洗、消毒，也可设定每次犊牛吸吮后进行清洗，保证饲喂环境的清洁。

二、信息技术的特点

（一）牛只信息数据化

通过完成牛只基本档案登记、生产性能测定、体型评定、体况评分等基础信息，与繁殖记录、兽医保健等信息关联，建立完整的生产信息库，提供实时、动态的牛群结构、生产状况分析报表，准确掌握牛群、个体的生产状况，若发现异常，能及时查出问题及产生的原因，提供合理的解决方案，对牛群进行全方位、多角度的科学管理。

（二）人员管理标准化

通过对牛群的实时动态管理，能够使育种、繁殖、饲喂、疾病防治、人员物资等按照标准化技术规范管理，真正做到事前有标准、事中有控制、事后有考核，便于对牛场各岗位人员的管理与考核，可以准确统计、报告每个员工在任意工作时间段内的工作量和工作完成情况，实现定量考核。

（三）牛场管理智能化

在肉牛场应用信息化管理技术，第一，可以实现牛只数据库与自动化设备的数据对接与更新，通过与官方数据中心自动链接，实现资源共享和专家适时服务。第二，自动完成生产信息登记与分析，根据历史生产记录、牛群结构信息预测，制订配种产犊计划、周转计划等，跟踪、反馈计划执行情况。第三，实现对生产全程的监督与预警，通过比对预先设置的生产目标和参数，进行日常工作的预警提示服务。

参考文献

曹兵海. 2015. 2015 年肉牛牦牛产业发展趋势与政策建议［J］. 中国牛业科学，41（1）：1-2.

陈幼春. 2012. 现代肉牛生产（第二版）［M］. 北京：中国农业出版社.

迟纲，李高强. 2015. 肉牛养殖信息化管理的发展前景［J］. 养殖与饲料，(6)：82-83.

褚万文. 2015. 肉牛养殖场建设规范［C］. 中国牛业进展，281-286.

崔保安，王学斌，杨明凡. 2000. 规模化肉牛场兽医卫生防疫制度与常见疫病免疫程序［J］. 河南畜牧兽医，21（5）：25-26.

李天祥，杨与周，杜光余. 2013. 肉牛育肥过程中驱虫的措施及注意事项［J］. 云南农业科技，(2)：55-56.

娄玉杰，周海柱. 2010. 肉牛场环境质量及其评价［J］. 现代畜牧兽医，(2)：26-27.

司智陟，曲春红. 2015. 当前我国肉牛业发展现状、存在问题及发展对策［C］. 中国牛业进展，15-18.

宋恩亮，李俊雅. 2013. 肉牛标准化生产技术参数手册［M］. 北京：金盾出版社.

宋恩亮，吴乃科，万发春. 2002. 规模化肉牛场防疫规程［J］. 黄牛杂志，28（1）：55-58.

汪萍. 2015. 美国肉牛产业规模化生产及其启示［J］. 世界农业，433（5）：143-146.

王建平，刘宁. 2014. 生态肉牛规模化养殖技术［M］. 北京：化学工业出版社.

王庆龙.2016. 肉牛改良应掌握的几个方面 [J]. 现代畜牧科技, 15 (3): 55.

杨振刚.2014. 环境治理与肉牛产业的可持续发展 [J]. 中国牛业进展, 327-330.

原小强, 马平.2014. 高档红牛肉和雪花牛肉生产关键技术 [J]. 中国牛业科学, 40 (6): 75-77.

昝林森, 梅楚刚, 王洪程.2015. 我国肉牛产业经济发展形势及对策建议 [J]. 西北农林科技大学学报 (社会科学版), 16 (6): 48-52.

张杰, 郭忠羽, 帕合尔鼎·阿布来提.2015. 新疆肉牛规模化养殖适用设施设备技术的研究 [J]. 新疆畜牧业, (6): 4-7, 16.

赵金石, 黄帅, 孙勇.2011. 智能信息系统在高档肉牛生产中的应用 [C]. 中国牛业进展, 582-585.

赵育国, 史彬林, 郭祎玮.2010. 肉牛舍的环境控制 [J]. 畜牧科学, (10): 68-70.

GB 18596—2001, 畜禽养殖业污染物排放标准 [S].

NY/T 388—1999, 畜禽场环境质量标准 [S].